皇帝怎么吃

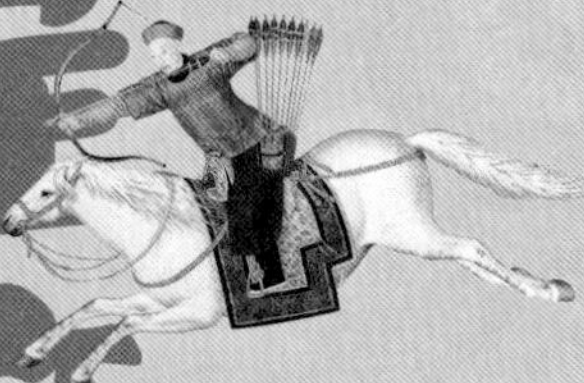

《紫禁城》杂志编辑部◎编

故宫出版社

图书在版编目（CIP）数据

皇帝怎么吃 /《紫禁城》杂志编辑部编 . —北京：故宫出版社，2019.1
ISBN 978-7-5134-1176-9

Ⅰ . ① 皇… Ⅱ . ① 紫… Ⅲ . ① 饮食—文化—中国
Ⅳ . ① TS971.2

中国版本图书馆 CIP 数据核字（2019）第 002276 号

皇帝怎么吃

出版人：王亚民
责任编辑：周利楠
设计：王梓
出版发行：故宫出版社
地址：北京市东城区景山前街4号 邮编：100009
电话：010-85007808 010-85007816 传真：010-65129479
网址：www.culturefc.cn
邮箱：ggcb@culturefc.cn
制版：北京印艺启航文化发展有限公司
印刷：北京启航东方印刷有限公司
开本：889毫米×1194毫米 1/16
印张：13
版次：2019年1月第1版
印次：2019年1月第1次印刷
印数：1~5000册
书号：ISBN 978-7-5134-1176-9
定价：76.00元

目录

第一章

御膳苏州菜

乾隆朝，全国各地的名菜佳肴都汇集在皇帝的宴桌上，但像苏州菜这样以完整菜系出现在宫廷的，几乎没有。苏州菜为清宫御膳带来了革新，在成就清宫御膳的同时也将中华美食推上了一个高峰。

挑动皇帝的味蕾

自康熙二十三年（一六八四年）九月始，至康熙四十六年（一七〇七年）正月止，康熙皇帝先后进行了六次南巡，四次住在苏州织造曹寅的家中。曹寅以苏州织造官府菜招待康熙皇帝，大获成功。精巧的江南苏州菜挑动了来自北方的皇帝的味蕾，本身就倾心于汉族文化的康熙大帝对苏州菜极其喜爱。据史料记载，康熙皇帝偏爱吃质地软滑、口味鲜美的清淡菜肴，而苏州菜恰恰符合这些特点，使得其回銮之后也是念念不忘。

清人绘　玄烨朝服像轴

清人绘　康熙南巡图第十一卷（局部）

此卷描绘的是康熙皇帝一行自江宁府报恩寺至金山的行程。

清　康熙南巡图第十一卷（局部）

雍正皇帝崇尚节俭、勤政，对奢华玉食不是十分上心。与之相比，乾隆皇帝则对吃非常讲究。也许是受到自己最为崇拜的爷爷的影响，乾隆皇帝十分钟爱精致的苏州菜。乾隆皇帝南巡驻跸苏州织造府时，每每都要品尝苏州织造官府菜，并频频赏赐苏州织造府官厨，最终还把官厨们带入宫中。此后，乾隆皇帝不论于宫中或出巡，均有苏州织造府的官厨们随从进奉御膳，皇宫中也设有苏州厨房——苏造（灶）铺，宫中有大量记录了苏州菜的历史档案。苏州菜在宫中备受欢迎，达到前所未有的高度。

清人绘 弘历朝服像轴

清 徐扬 弘历南巡图第九卷（局部）

清 徐扬 弘历南巡图第九卷（局部）

御厨的故事

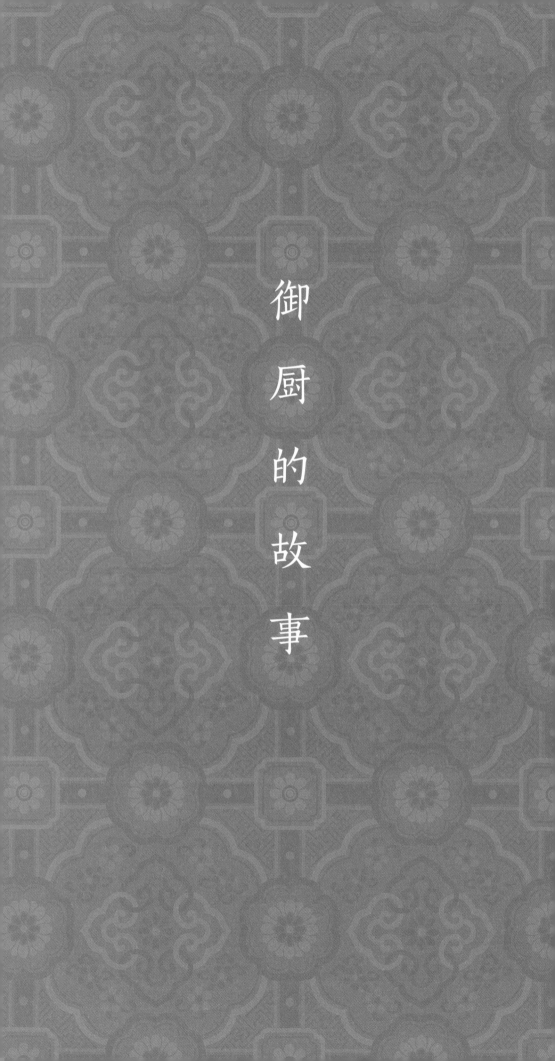

熙載風流清
為天官侍郎以
頗為時論所誚

五代　顾闳中
韩熙载夜宴图卷
及其局部

乾隆三十年（一七六五年）正月十七，乾隆皇帝第四次下江南，住在苏州织造府中。苏州织造普福带家厨张成、宋元和张东官赶到宝应去候驾。在品尝了三位织造府家厨精到的手艺之后，乾隆皇帝任命他们为自己的专用厨子。

苏州织造府家厨给乾隆皇帝预备的可口菜肴

乾隆三十年（一七六五年）正月十七，苏州织造家厨张成、宋元和张东官到宝应候驾，备下「糯米鸭子一品、万年青炖肉一品、燕窝鸡丝一品、春笋糟鸡一品、鸭子火熏馅煎粘团一品、银葵花盒小菜一品、银碟小菜四品，随送粳米膳一品、菠菜鸡丝豆腐二品」这几样菜肴。乾隆皇帝品尝后非常喜欢。

当晚，乾隆皇帝驻跸高邮，张成又做「肥鸡安徽豆腐」，宋元做「燕笋糟肉」，张东官做「猪肉馅侉包子」进呈。乾隆皇帝很是受用。

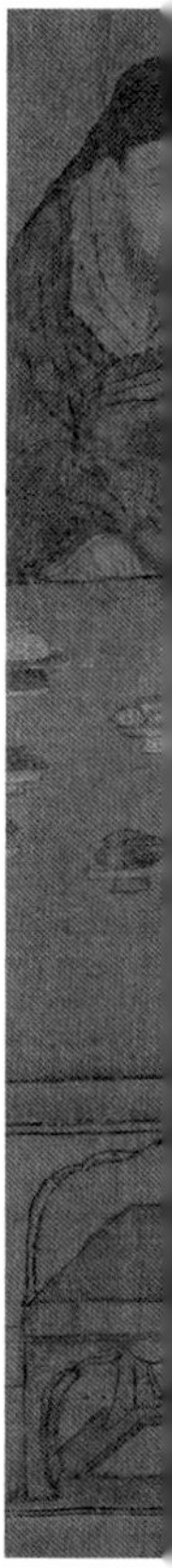

宋人绘　春宴图卷（局部）

宋人绘　春宴图卷（局部）

这里着重说一下张东官。推测就是在乾隆三十年，乾隆皇帝将张东官带回北京，安排在长芦盐政西宁家中。张东官正式进宫当了一名御厨，官七品。此后，乾隆皇帝的每日膳单中，第一道菜必署名张东官。就是在乾隆皇帝居住在圆明园和避暑山庄等地时，也都由张东官备膳。最绝的是，乾隆皇帝能品出张东官所烧菜肴的滋味。有一次张东官生病，不得已由他人代为掌勺，乾隆皇帝品后即道：「此膳非张东官所做。」

御膳房

御膳房匾额

御茶膳房

张东官给乾隆皇帝做过的美味佳肴

乾隆三十六年（一七七一年），乾隆皇帝出巡山东，张东官进菜四品，其中的「冬笋炒鸡」甚得乾隆皇帝欢心。

乾隆四十三年（一七七八年）七月到九月，乾隆皇帝出巡盛京。七月二十二日，张东官进「猪肉缩砂馅煎馄饨」、「鸡丝肉丝油煸白菜」、「燕窝肥鸡丝」、「猪肉馅煎粘团」各一品，极为称旨。

乾隆四十八年（一七八三年）正月初二，张东官进晚膳「燕窝烩五香鸭子热锅一品，燕窝肥鸡雏野鸡热锅一品」。

御膳房南门

乾隆四十九年（一七八四年），乾隆皇帝第六次南巡，七十多岁的张东官腿脚已不灵便，乾隆皇帝恩准他乘马随行。行至苏州灵岩寺行宫，乾隆皇帝经和珅、福隆安向苏州织造下旨：「膳房做膳、苏州厨役张东官，因他年迈，腰腿疼痛，不能随往应艺矣。万岁爷驾幸到苏州之日，就让张东官家去，不用随往杭州。回銮之日，亦不必叫张东官随往京去。」张东官功成身退。

清 铜直把纽「总管御饭房茶房之图记」

张东官研制苏造肉

张东官以苏州菜为根基改良清宫御膳，为乾隆皇帝御膳添加了很多新式菜肴，苏造肉就是其中的代表作。张东官的这道苏造肉，用老汤加丁香、甘草、砂仁、桂皮、蔻仁、肉桂等九味香料，调出秘制汤汁，将上好猪五花肉置于汤中，慢火煨制而成。其汤色红亮厚重，猪五花肉肥肉香甜软糯而不油腻，瘦肉酥烂入味而不发柴，汤头鲜美又不油腻，整道菜醇厚奇香。九种香料按照春夏秋冬四季的不同，以不同的量配制，一年四季食用皆宜。开始这道菜并没有名字，是乾隆皇帝御赐「苏造肉」之名。

清　檀香木「长春宫寿膳房」章

精到的御膳

清宫御膳并不神秘，概括起来就是一句话：普通，但是精到。

《清宫御膳档》中记载的菜肴，除燕窝外几乎都是老百姓平时吃的菜肴，就连菠菜豆腐汤、老咸菜都有，使用的都是极为普通的食材。这和苏州菜的特点一样——不以名贵稀有的食材为原料。善于养生、终得长寿的乾隆皇帝注重营养膳食的均衡，吃的很简单，但是应该摄取的营养都有保证。

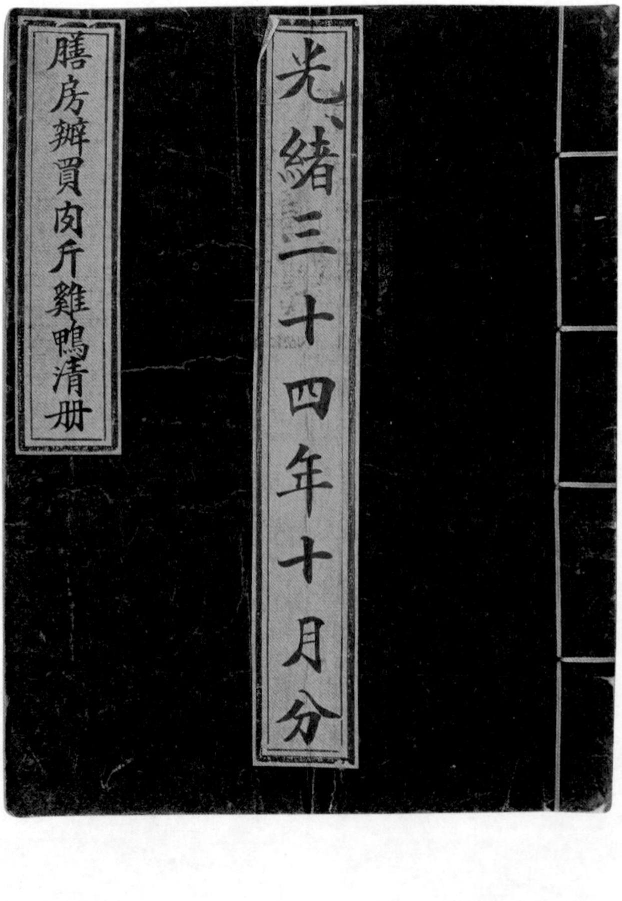

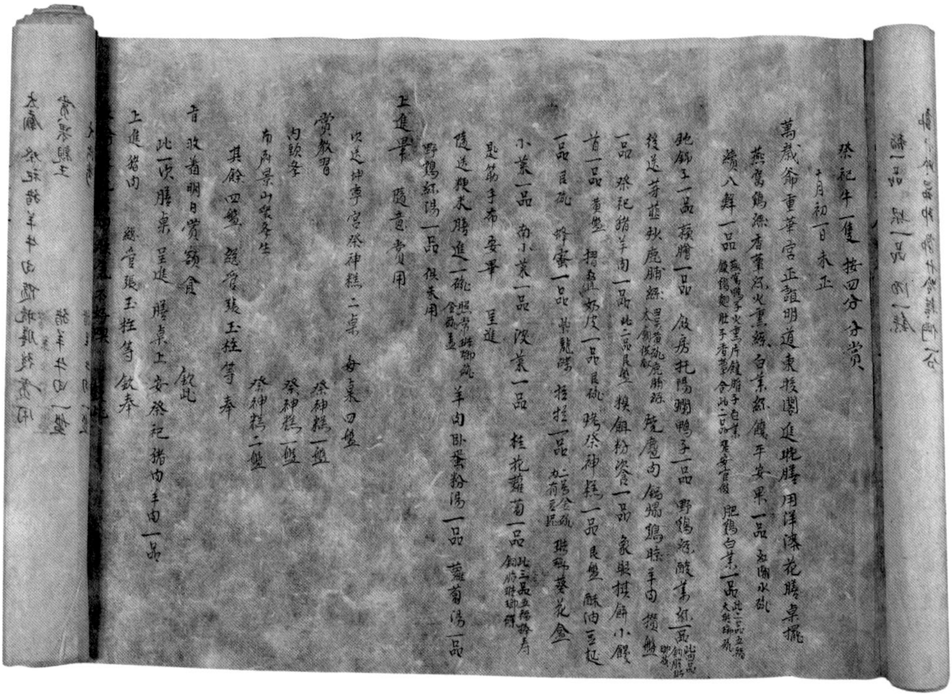

清宫旧藏膳单

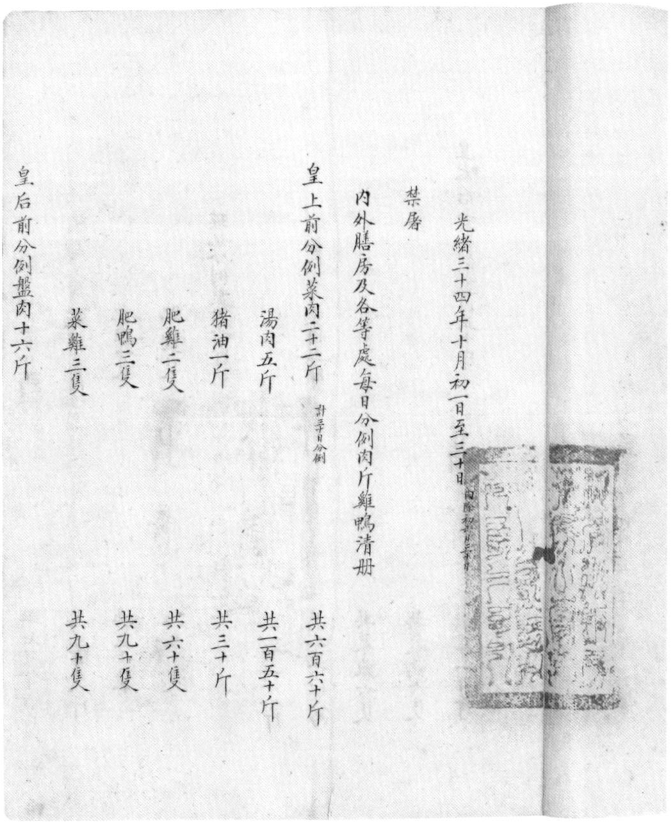

光緒三十四年十月初一日至三十日

禁層

内外膳房及各等處每日分例肉斤雞鴨清册

皇上前分例菜肉二十二斤 計三十日分例 共六百六十斤

湯肉五斤 共一百五十斤

猪油一斤 共三十斤

肥雞二隻 共六十隻

肥鴨三隻 共九十隻

菜雞三隻 共九十隻

皇后前分例盤肉十六斤

光绪三十四年《膳房办买肉斤鸡鸭清册》封面及内页

苏州织造官府菜能够走进宫廷成为御膳，因其十分讲究。首先其选材就极其讲究，食材的品种、产地、节令、时辰、鲜活、大小、部位以及采摘和屠宰方法等，都有具体要求，讲究「天时、地利、人和」——什么季节吃什么、吃什么地方的特产、针对人体需求来吃。其传统

重华宫御膳房内景旧影之一

重华宫御膳房内景旧影之二

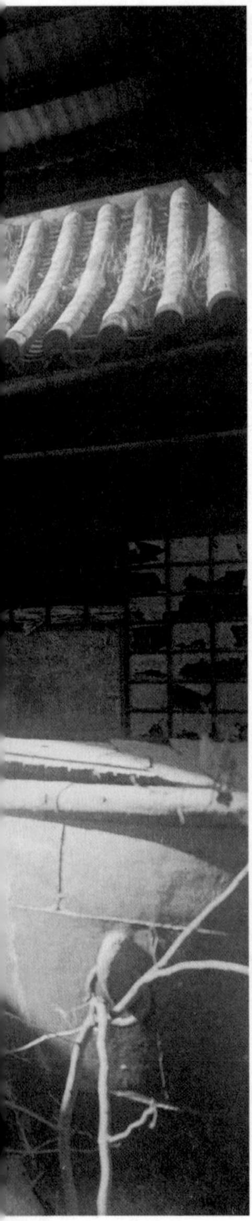

调料包括油、盐、酱、醋、酒、糖等，熬制各式的汤、卤汁和各类荤素调和油达十余种，使用搭配都有讲究，以冀叠味加鲜。

苏州织造官府菜擅用葱、姜、蒜以增香、灭腥、去臊、除膻，烹饪调和之事无所不用其极，以臻「精妙微纤，口弗能言，志不能喻」的美妙境界。

重华宫御膳房外景旧影

制作考究的御膳名菜——八宝鸭

八宝鸭，作为乾隆皇帝最爱吃的一道御膳佳肴，制作十分讲究，并不是简单地把八样东西和鸭子一起烹制就可以，而是要把鸭子整个去骨，留下完整的可以实现「滴水不漏」的带有鸭肉的皮囊，清理后再填八样不同的食材，煮五个小时左右，出来还是一只完整和漂亮的鸭子，讲究「酥烂脱骨不失其形」。

明 铜鸭式香熏

讲究，不仅是烹调的精细，还有其中反映出的那种文人气息。讲究的美味，佐之以讲究的外形，达到了一个完美的境界。

讲究，还包括健康。乾隆皇帝喜欢吃鸭子，因鸭肉属阴性。

外形讲究的御膳名菜——绉纱馄饨

馄饨之形反映了中国人的哲学思想：馄饨皮是方的，象征「地」，中间的馅是破碎的一团，象征「气」，古人有「天圆地方」的说法，馄饨皮包了馅就象征天地不分、天地相裹、天地相融的「混沌世界」。绉纱馄饨的「绉纱」二字，又把丝绸文化融入其中。绉纱是丝绸产品的一种，绸料面是起绉的，有点半透明。绉纱馄饨把馄饨皮薄而半透明、隐约能见馅的特点十分形象地比喻出来，又显示了馄饨皮表面有绉折的特点。

清乾隆 红漆描金丹凤牡丹纹银里撇口碗及其款识

皇帝日理万机，难免焦躁体热，若进食生猛肉食，必然上火，引发高血压、心血管疾病。食鸭肉可以调和体内阴阳，达到身体康健的目的。

苏州织造官府菜是精致的烹制、高雅的调味、美味的提炼。苏州菜引领改革的清宫御膳，继承了这些特点，实现了中华饮食文化的升华。

清　皮胎紫漆描金缠枝莲纹多穆壶

乾隆四十八年（一七八三年）正月膳底档

乾隆四十八年正月初九日，乾清宫总管郭永清等传旨十四、十五、十六此三日伺候上苏宴。奉旨：知道了。钦此。

正月十四日午正，奉三无私着安紫檀木苏宴桌一张，宝座扶手至两桌边一尺七寸，摆高头七品（青白玉碗上安灯笼花），两边花瓶一对，高头碗足至前桌边二寸二分，两边碗足至桌边六寸五分，高头碗足至怀里桌边二尺五寸，群膳热膳三十二品（内有外铺内六品，膳房四品）。青白玉碗，碗足至两桌边六寸五分，摆四路，每路八品，两边干湿点心四品，奶子一品，敖尔布哈一品，青白玉盘两边小菜四品，两边老腌菜一品，八宝菜一品，东边南小菜一品，清酱一品，青白玉碟，小菜碟至两桌边七寸，后桌边二寸，中匙、箸、叉子、手布、筷套。安毕。

正月十五日午正，奉三无私着安紫檀木苏宴桌一张，宝座扶手至桌边二尺二寸，摆高头七品（青白玉碗上安灯笼花），两边

讲究健康的御膳名菜——樱桃肉

樱桃肉，肉本身煮七八个小时后虽然入口而化，但上席时还是一块完整的肉，而且肉皮红亮，搭配精细的刀工切割，宛若樱桃一般，故而得名。樱桃肉自身那一抹艳红的色泽得益于红曲粉。红曲入药，可降血脂、降血压。红曲入菜，不仅使樱桃肉艳红漂亮给人愉悦以为养心，更防止了血脂和胆固醇在人体内沉淀以为养身。

清 黑漆嵌螺钿八仙图方形委角盒

花瓶一对，高头碗足至怀里桌边二尺五寸。群膳三十二品，俱青白玉碗，碗足至两桌边七寸六分，摆四路，每路八品，两边干湿点心四品，奶子一品，敖尔布哈一品（青白玉碗），西边清酱一品，水贝瓮菜一品，东边南小菜一品，糟小菜一品（青白玉碟），碟足至两桌边七寸，后边两寸，中匙、箸、叉子、手布、纸花、筷子安毕。

正月十六日午正，正大光明设摆上用苏宴一桌，用器皿库苏宴桌一张，衣服库桌刷一分，摆高头七品（青白玉碗上安灯笼花）。两边摆花瓶一对，高头碗足至前桌边二寸二分，至两桌边六寸，群膳三十二品（内有外膳房四品，铺内伺候六品）。俱青白玉碗，摆四路，每路八品，两边干湿点心四品，奶子一品，敖尔布哈一品，西边老腌菜一品，八宝菜一品，东边清酱一品，南小菜一品（青白玉碟）。中匙、箸、纸花、筷套。叉子、手布安毕。

（注：「奉三无私」指圆明园殿后的奉三无私殿。「铺内伺候」中的「铺内」应指苏造铺内。）

第二章

皇帝的大宴

清代皇帝为「主席」的宴会，包括他以一国之君的身份宴请其臣下的国宴，以及他以一家之长的身份宴请家人的家宴。同时举行国宴与家宴的时间节点只有元旦这一节日，而在除夕要单独举办家宴，万寿节、皇帝大婚等，亦需单独举行国宴。

大气国宴

清代国宴包括满席、汉席，分立而行。在太和殿前举行的国宴，一定是满席；在宫外，比如皇帝临雍讲学后赐宴讲官，则用汉席。满席又分为头等席、二等席，直到六等席，实际是六个等级；汉席则分为头等席、二等席、三等席以及上席、中席，实际是五个等级。

清人绘　万树园赐宴图轴及其局部

清人绘 万树园赐宴图轴（局部）

清廷国宴中的高等级宴席都是为死去的帝后祭祀时所设，活人最高等级宴席就是太和殿等处举行的国宴，只能用四等及以下的满席。四等席即元旦、万寿节、皇帝大婚、凯旋、公主郡主成婚宴等用，五等席、六等席主要是用于宴请藩属国贡使，以及除夕赐下嫁外藩公主暨蒙古王公台吉等的宴席。

清乾隆 剔彩大吉宝案

皇帝所用宴桌

大清乾隆年製
飛龍宴盒

清乾隆　剔红飞龙纹长方盒及其款识

盒内盛掐丝珐琅

「万寿无疆」碗十个。

清乾隆　掐丝珐琅「万寿无疆」碗

碗铜胎镀金，圆形，敞口，圈足。
外壁饰相同的四朵莲花及四个圆形开光，开光内分别在
宝蓝釉地上饰铜镀金篆书「万」「寿」「无」「疆」四字。
碗下部錾刻填釉莲瓣纹一周，口边则錾刻夔龙纹一周。
外底阴刻双方框，内刻篆书「子孙永宝」。
此器物系为乾隆八旬万寿特制，
其用料名贵，工艺精良，造型优美，
不但具有实用价值，而且具有很高的观赏价值。

清　铜镀金松棚果罩

清同治　黄地粉彩
「万寿无疆」餐具
包括盘、碗、匙、渣斗各一。

清光绪
黄地粉彩「万寿无疆」
盖碗、盘（一套）

清光绪
黄地粉彩「万寿无疆」餐具
包括盖碗、高足杯、高足盘、碗、盘、盅、匙等。

元旦太和殿四等满席菜谱

每席（即每张宴桌）包括：四色印子四盘（每盘四十个，每个重一两）；四色馅白皮方酥四盘（每盘四十个，每个重九钱）；四色白皮厚夹馅四盘（每盘四十个，每个重九钱）；鸡蛋印子一盘（计四十个，每个重九钱）；蜜印子一盘（计四十个，每个重一两）；合圆例饽饽二盘（每盘三十个，每个重一两二钱）；福禄马四碗（每碗四两）；鸳鸯瓜子四盘（每盘一斤八两）；红白馓枝(子)三盘(每盘四斤八两)。

清　黑漆描金葫芦式盒及其内盛红漆描金成套餐具

清　黑漆描金缠枝莲团锦纹提盒及其内盛成套餐具

干果十二盘（龙眼、荔枝、干葡萄、桃仁、榛仁、冰糖、八宝糖、大缠、青梅、栗子、红枣、晒枣）。鲜果六盘，分别是苹果七个、黄梨七个、红梨七个、棠梨八个、波梨八个、鲜葡萄十二两，还包括一碟盐。共计点心十八盘、瓜子四盘、馓子三盘、福禄马四碗、干果十二盘、鲜果六盘、盐一碟。另有小猪肉一盘、鹅肉一盘、羊肉一方（块）。

清　黑漆描金葫芦式盒及其内盛红漆描金成套餐具

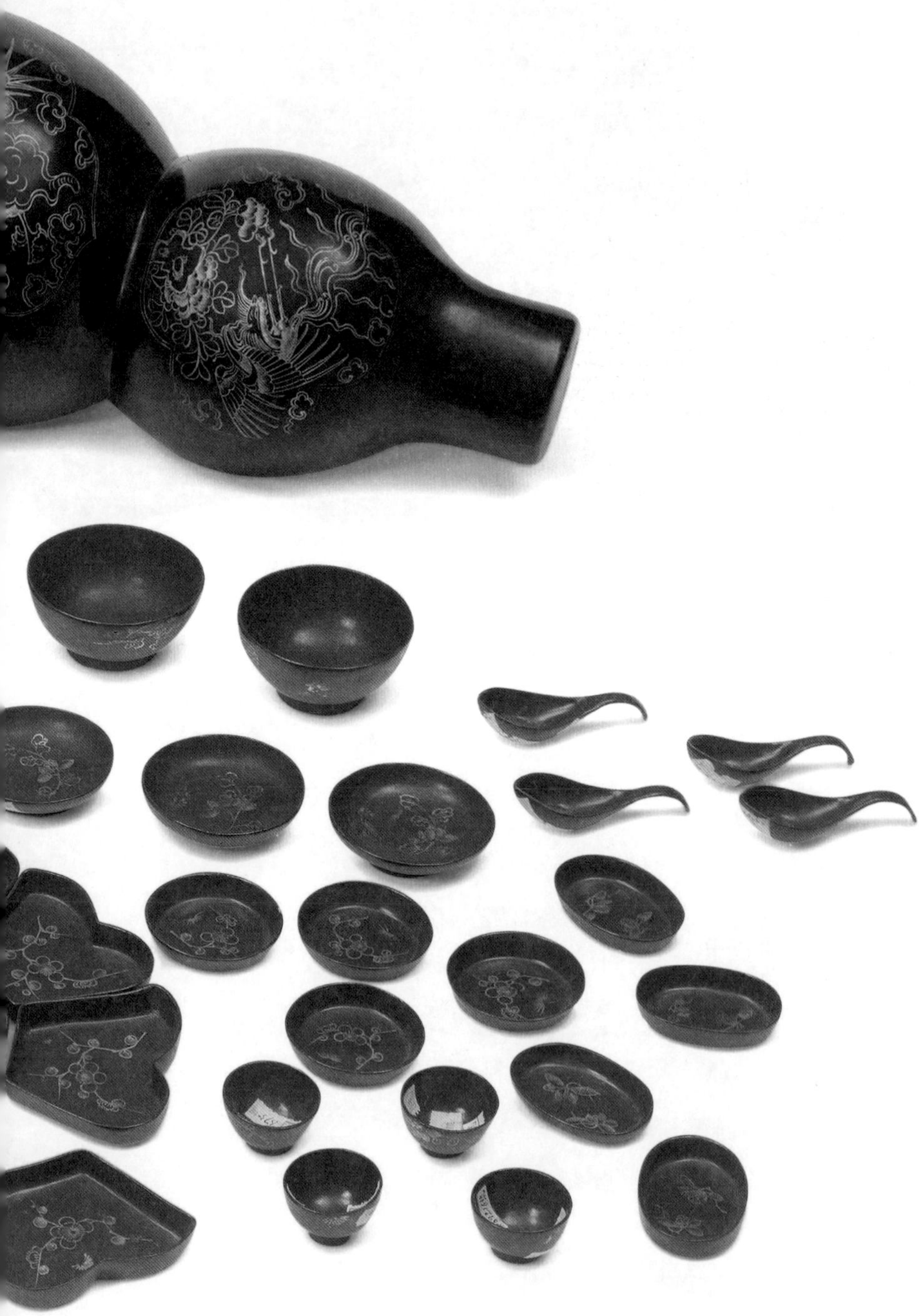

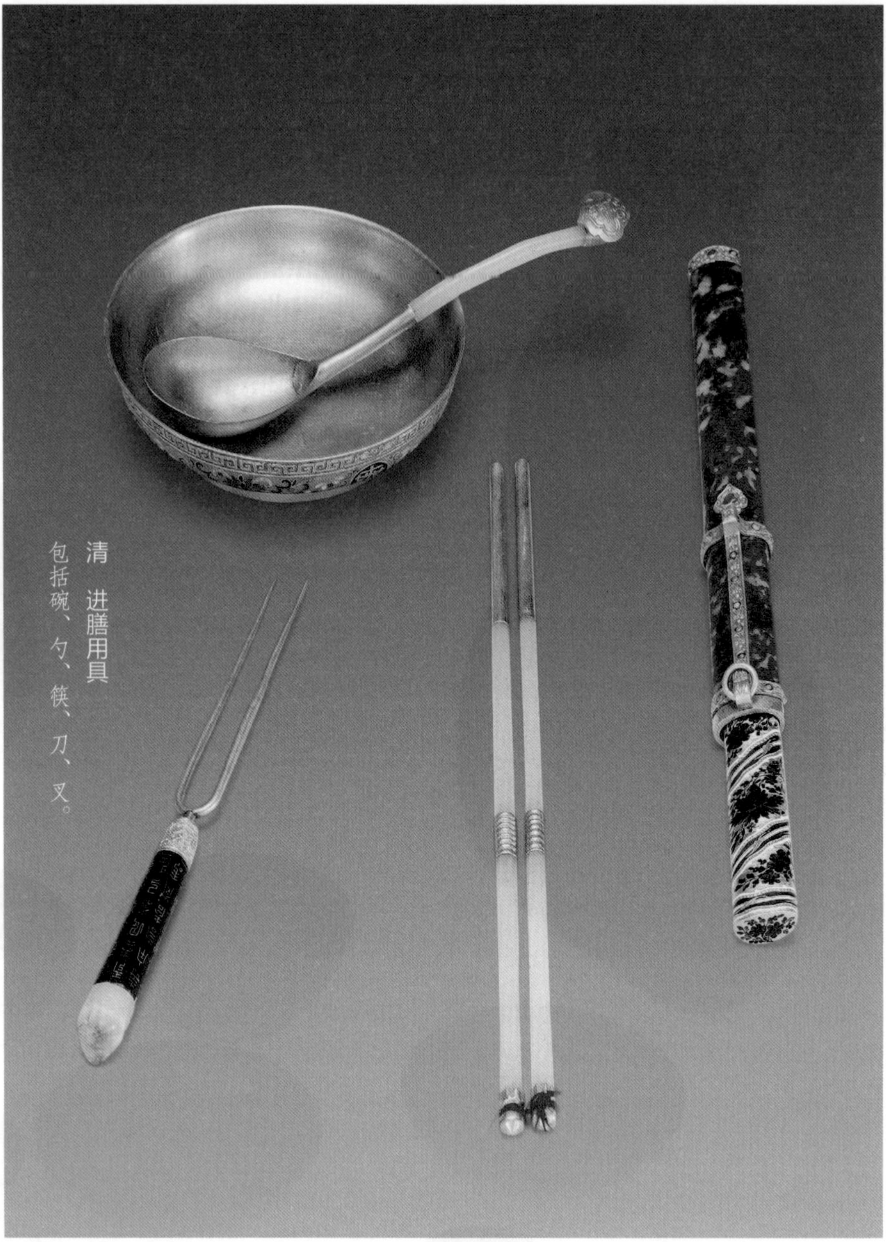

清　进膳用具
包括碗、勺、筷、刀、叉。

满族人宴席分前后两个程序：先饽饽宴，然后酒席宴。饽饽宴以上点心为主，吃点心喝奶茶。酒席宴则增加了猪、羊、鹅肉等，可以吃肉喝酒。

清 镶旧玉紫檀柄银匙、镶金筷、玉柄叉

清朝太和殿国宴的费用并非全部由国库负担，而是由有爵位的王公分担，只有皇帝所用御膳桌上的宴品由内务府备办。按规定，除了饽饽宴的点心等由光禄寺备办外，酒席宴需用的

清 姚文瀚 弘历紫光阁赐宴图卷（局部）

羊百只、酒百瓶，需由王公们按规定进献，如果当时的王公数较少，进献的羊与酒不达标，再由光禄寺负责增备。

清　填漆宴桌

清　黑漆宴桌

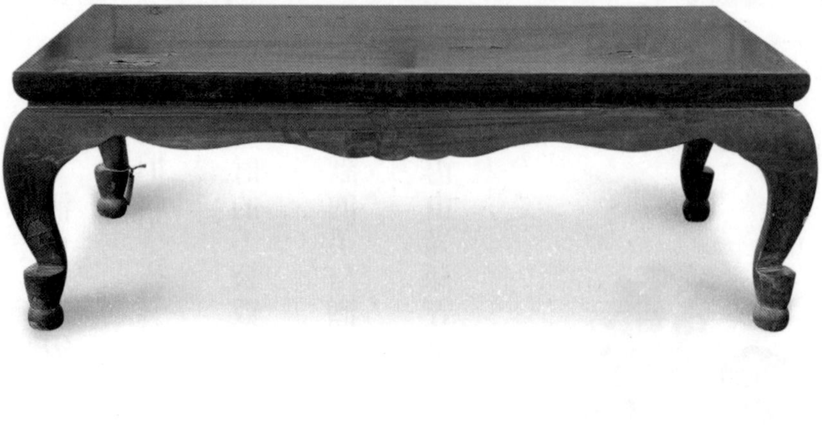

清　银火锅

清同治　银荷叶式盖锅

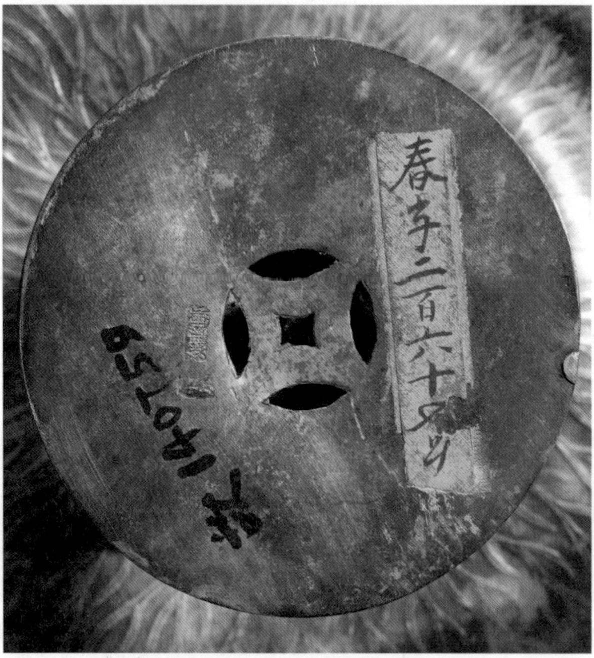

清　银荷叶式高足盘及其局部

清　掐丝珐琅三果纹
「万寿无疆」高足盘

清 银碟

一次国宴王公要进献的席面

王公们进献的席面包括宴席上要吃的羊和喝的酒：亲王每人进八席，郡王五席，均进羊三只、酒三瓶；贝勒进三席，贝子二席，均进羊二只、酒二瓶；入八分公进一席，羊一只、酒一瓶。（羊都是大蒙古羊，酒是每瓶十斤）

王公们进献的席面还包括餐具：亲王每人进献八席，其中有大席一桌，大席所用的餐具为银餐具，具体数目为：银盘碗四十五件、盛羊肉大银方一件、盛盐银碟一件。随席七桌，随席所用的餐具为铜餐具，具体数目为：每桌铜盘碗四十五件、大铜方一件、小铜碟一件。郡王每人进献五席，其中大席一桌，随席四桌，每桌的餐具种类、数目均与亲王所献相同。

清 金「龙凤双喜」盘

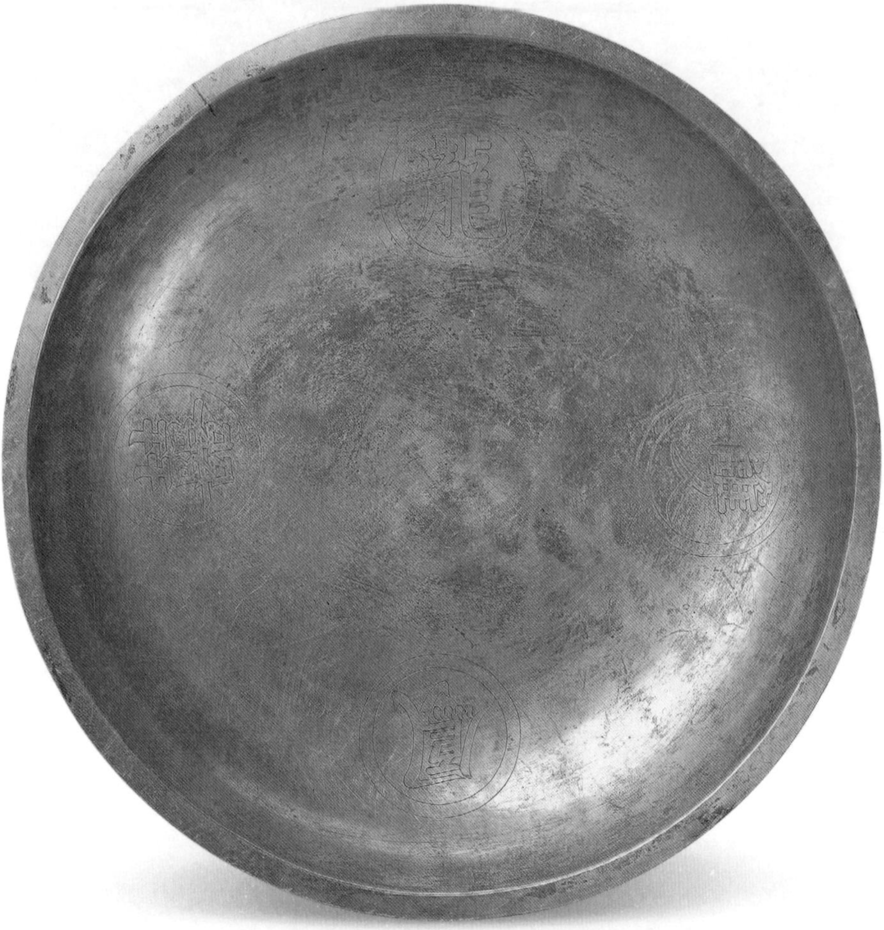

清 金錾花蝠寿纹匙

清 金錾花龙纹勺

清 金螺旋纹匙

清 金镶青玉柄匙

清 金镶松石把玛瑙匙

清 银柄凿花螺钿小勺

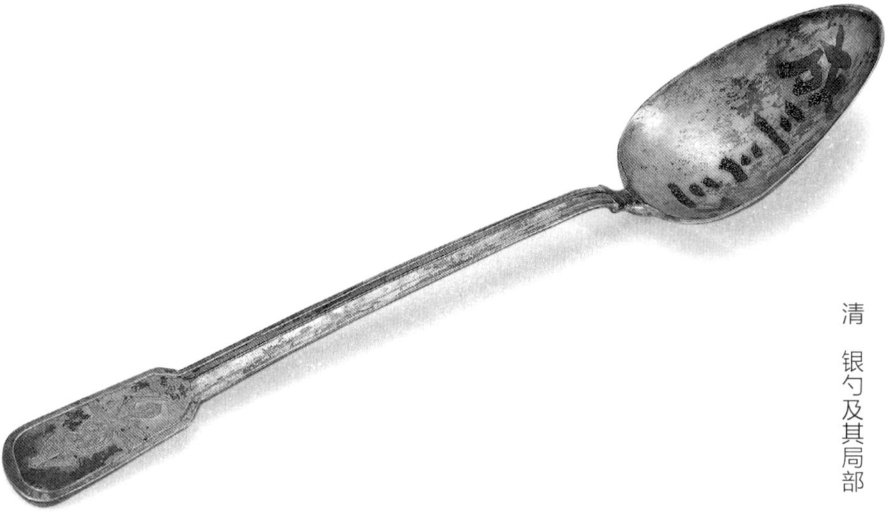

清 银勺及其局部

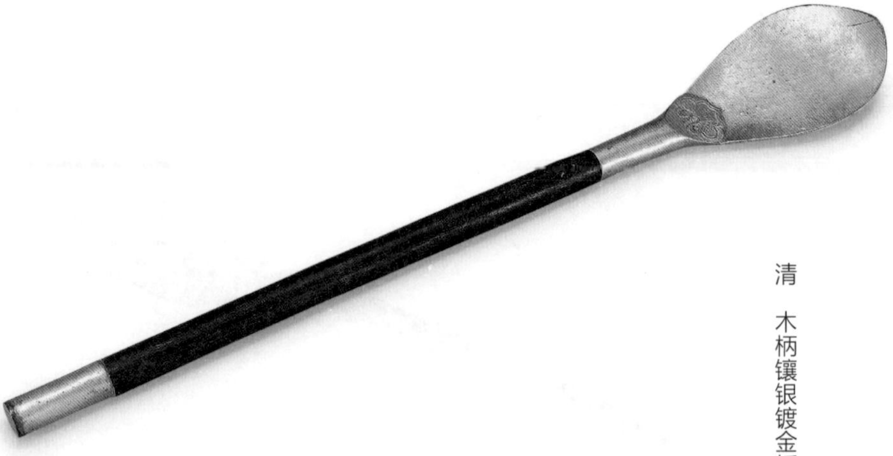

清　木柄镶银镀金板匙

清　金镶紫檀嵌玉筷

清朝皇帝让王公们出资备办酒席，是在向他们宣告：大清王朝不是我皇帝一人的，也有你们的份儿！你们要与我同心同德，巩固江山。这对于王公们而言，也增强了他们维系皇权的责任感与使命感。

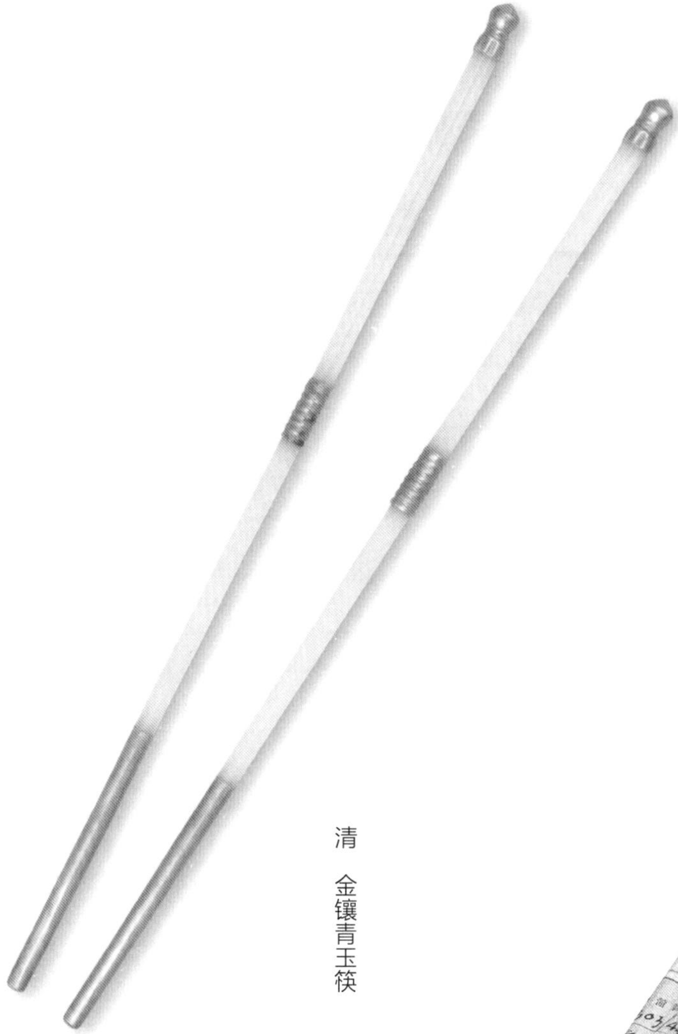

清 金镶青玉筷

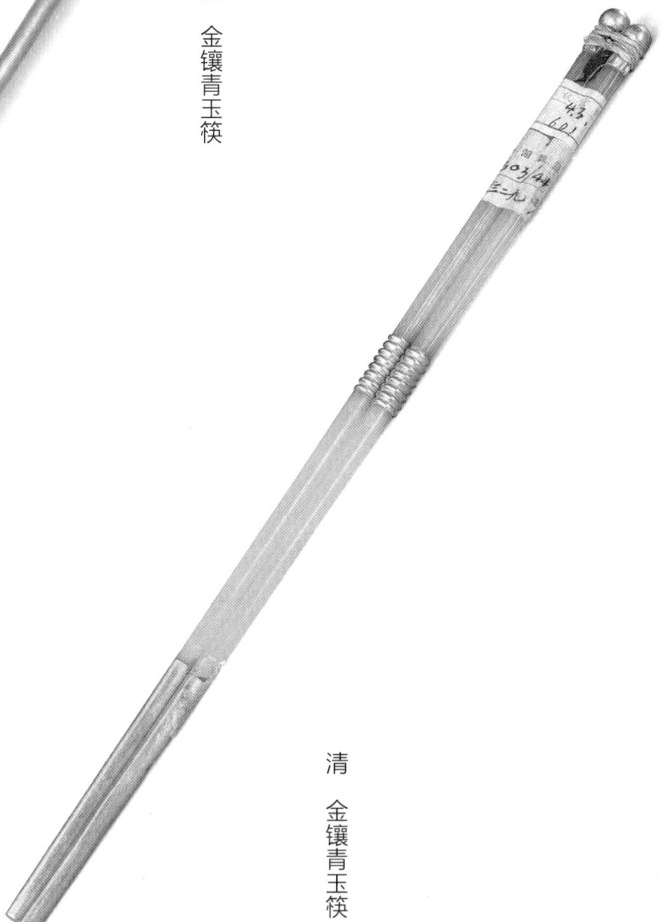

清 金镶青玉筷

喜棚
外堂
入宴大臣
后父
司酒官
司酒官
内務府官員
内務府官員

温情家宴

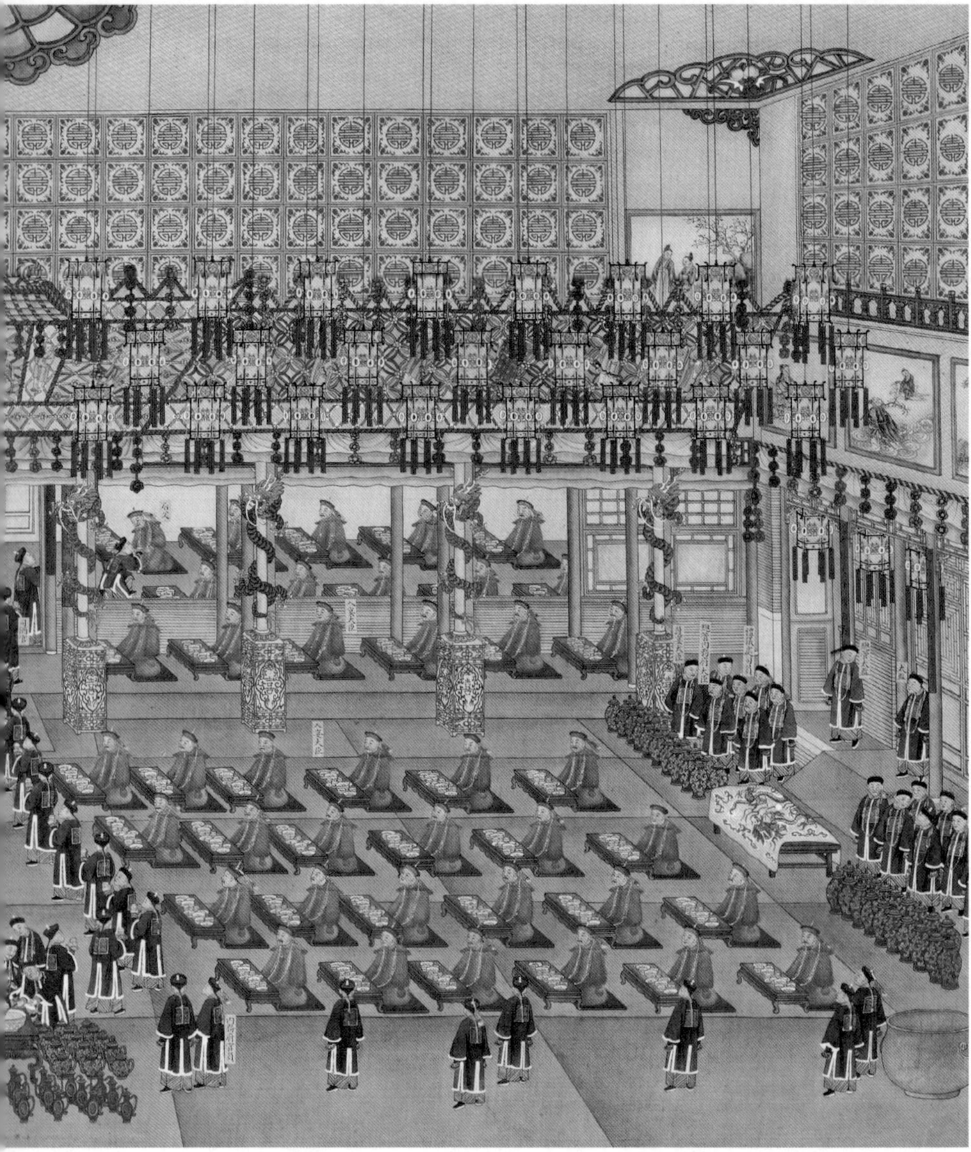

皇帝妃嫔成群，子女甚多，每日难以与如此众多的家眷共同进膳。一则难以照顾周全，二则有些皇帝年长后纳进宫的妃子比皇帝年轻时纳进妃子所生的皇子还年少，年轻妃子与年长皇子之间没有血缘关系，可能出现各种非

清　庆宽　载湉大婚典礼全图册（局部）

清　填漆宴桌

礼之事。所以，平日里皇帝一家人是分别进餐的，皇帝后妃分别在自己的寝宫用膳，皇子、皇女也在自己的居所进餐。

清　填漆描金铜包角宴桌

清同治　银一品锅

清咸丰
蓝地粉彩缠枝莲纹火锅

清　画珐琅宝相花喜字温碗

清康熙　黄地绿云龙纹盘

清乾隆　粉彩孔雀牡丹图汤盆

清康熙　青花海水云龙纹高足盘

除夕与元旦，皇帝要举行家宴。尽管是家宴，但为了避免年长皇子与非生身妃嫔日后出现非礼行为，还是分成了男女眷两场。皇帝先在早餐时与妃嫔同宴，在晚餐时再与皇子们同宴。

清康熙　蓝地黄云龙纹大盘

清康熙
绿地紫云龙纹盘

乾隆四十八年（一七八三年）元旦辰初（早晨七点至八点之间）金昭玉粹乾隆皇帝与众妃嫔家宴菜品

皇帝宴桌上的膳品为：拉拉一品（用大金碗）、燕窝挂炉鸭子一品、挂炉肉野意热锅一品、燕窝芙蓉鸭子热锅一品、万年青酒炖鸭子热锅一品、燕窝苹果烩肥鸡一品（用八仙碗）、托汤鸭子一品、额思克森一品（此二品用青白玉碗）、鹿尾酱一品、碎剁野鸡一品（此二品用金枪碗）、清蒸鸭子鹿尾攒盘一品、羊乌叉一品、烧鹿肉一品、烧野猪肉一品、鹿尾一品、蒸肥鸡一品（此五品用金碗）、竹节卷小馒首一品、番薯一品、年年糕一品（此三品用珐琅碗）、珐琅葵花盒小菜一品、珐琅碟小菜四品。随送浇汤煮饽饽进一品，燕窝冬笋鸭腰汤进些（汤膳碗用三阳开泰珐琅碗，金碗盖）。额食六桌：攒糖一品、饽饽十三品、奶子十三品、五福珐琅碗菜二品，共二十九品二桌；干湿点心八品，一桌；盘肉十三盘，二桌；羊肉二方，一桌。

与宴妃嫔有六桌，桌子用有帷子条桌，每桌拉拉一品、菜四品、饽饽二品、盘肉三品、攒盘肉一品，银螺蛳盒小菜两个。

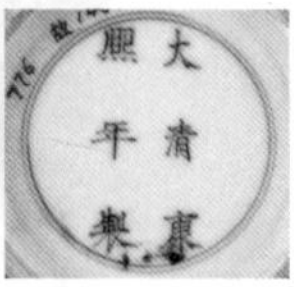

清康熙
黄地紫云龙纹碗及其款识

乾隆四十八年（一七八三年）元旦未正（下午两点至三点之间）乾清宫乾隆皇帝与众男眷家宴

先排放宴桌。用器皿库的大宴桌一张，挂黄缎绣金龙镶宝石桌帷。皇帝宝座要距离宴桌边八寸五分。先从外面摆起，头路是上面安有象牙牌的松棚果罩四座，两边花瓶一对，中间摆青白玉盘盛的点心高头五品，其点心高头盘足要离前桌边七寸五分。二路是一字高头九品，三路是圆肩高头九品，均用青白玉碗，这两路的碗足离两桌边七寸五分，以上三十三品均安有牌子大花。四路是雕漆果盒二副，盒边离桌里边二尺三寸五分，两边苏糕鲍螺四座，用青白玉小碗……五、六、七、八路各有膳品十品，用青白玉碗。这四十品中，明确知道的有果盅八品、奶子一品、敖尔布哈一品、鸭子馅临清饺子一品、米面点心一品、南小菜一品、清酱一品、糟小菜一品、水贝瓮菜一品。

参加家宴的亲郡王（有的是乾隆皇帝的叔、侄）与皇子共有六桌，在皇帝大宴桌东边的是睿亲王、諴亲王为头号桌一桌，质郡王、十一阿哥为二号桌一桌，十七阿哥、恒郡王为三号桌一桌；西边是豫亲王（应为裕亲王广禄）、庄亲王为头号桌一桌，仪郡王、十五阿哥（颙琰）为二号桌一桌，定郡王、和郡王为三号桌一桌。亲王阿哥用有帷子的高桌，

清道光
慎德堂制款黄地绿云龙纹碗及其款识

每桌上有高头五品，用紫漆碗，上安绢花；群膳十五品，用紫龙碗；干湿点心四品，银碟小菜四品。以上均为冷菜。

未初二刻（下午一点二刻）开始摆热膳，待乾隆皇帝在未初二刻五分来到乾清宫坐上宝座后，再向皇帝上汤膳，左边一盒红白鸭子大菜汤膳一品、粳米膳一品，右边是一盒燕窝捶鸡汤一品、豆腐一品。随后向亲王阿哥上汤膳一盒，即粳米膳一品、羊肉卧蛋汤一品。然后上奶茶，之后将茶桌撤下。

接着开始转宴（皇帝既不与亲王皇子一桌，桌上也没有转盘，所以宴会以转菜的方式进行）。先从皇帝这边转起，汤膳、小菜、点心、群膳、果盅、苏糕鲍螺依次转，然后再转亲王阿哥的。

转宴结束后，开始摆酒宴，皇帝桌上摆四十品，共五路，每路八品。一路荤菜四品、果子四品，二路荤菜八品，三路果子八品，四路荤菜八品，五路果子八品，全部用青白玉盘。亲王阿哥的酒宴桌上，每桌菜七品、果子八品（这些荤菜与果子到底是什么，档案并没有记载）。

清康熙 酱釉碗

清 紫漆描金五蝠捧寿纹碗

清 紫漆描金云蝠纹墩式碗

清雍正 蓝地黄龙纹白里碗及其款识

清 白玉碗

清光绪　金匙

清同治 银镀金双喜字匙及其局部

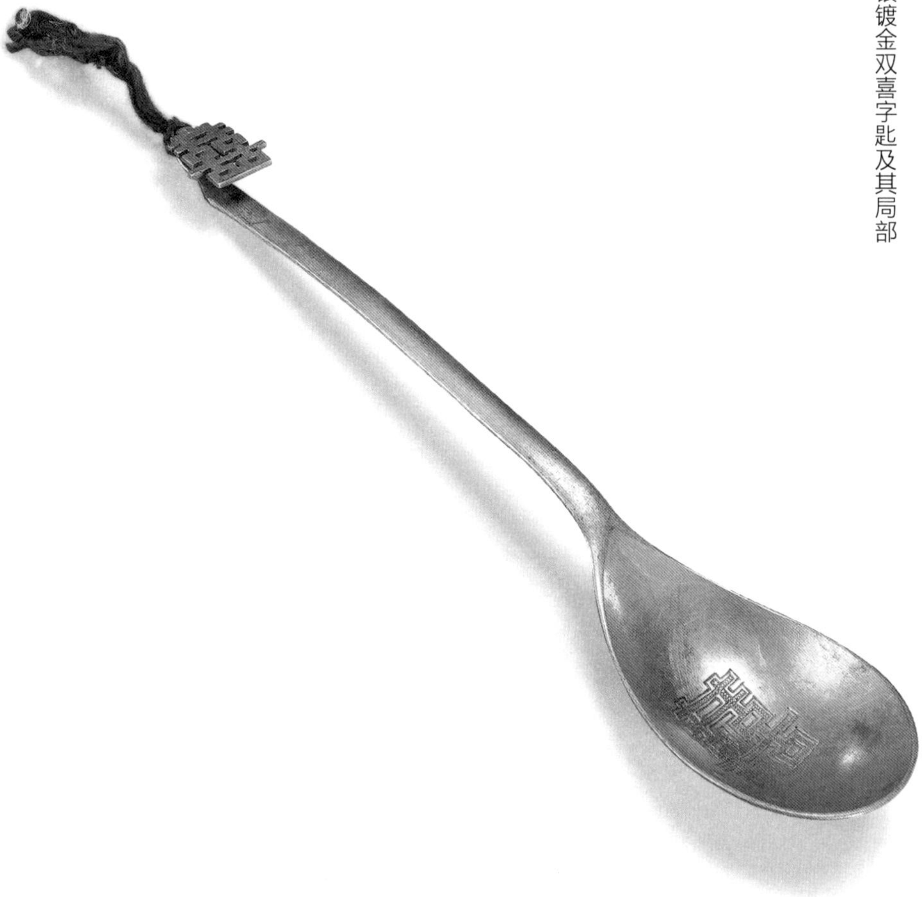

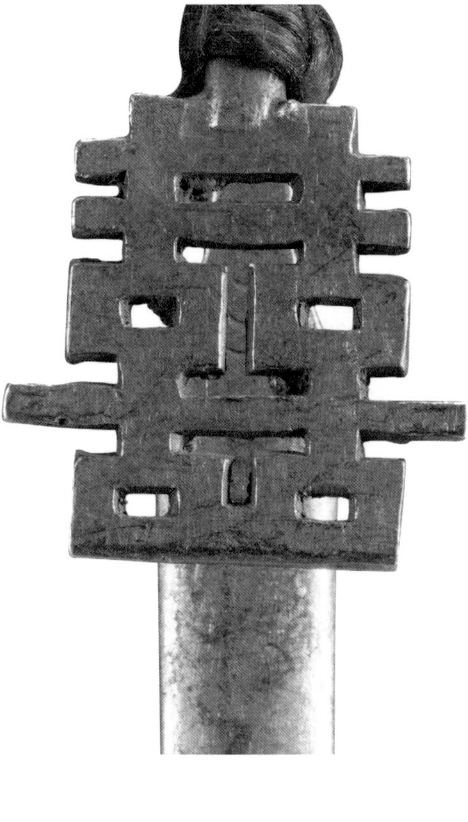

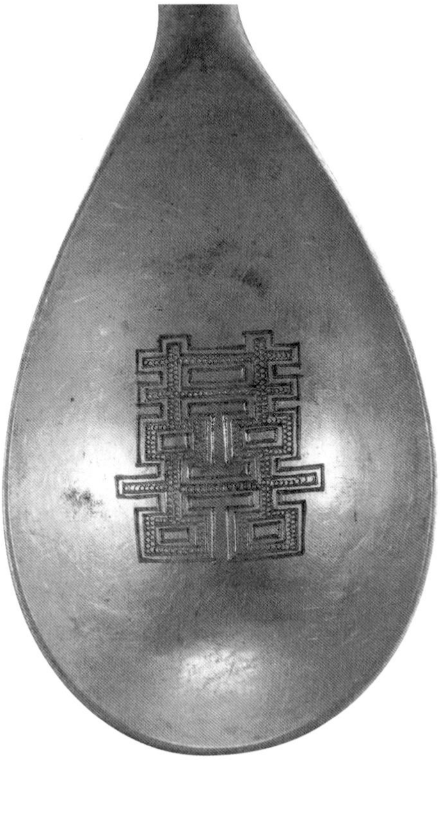

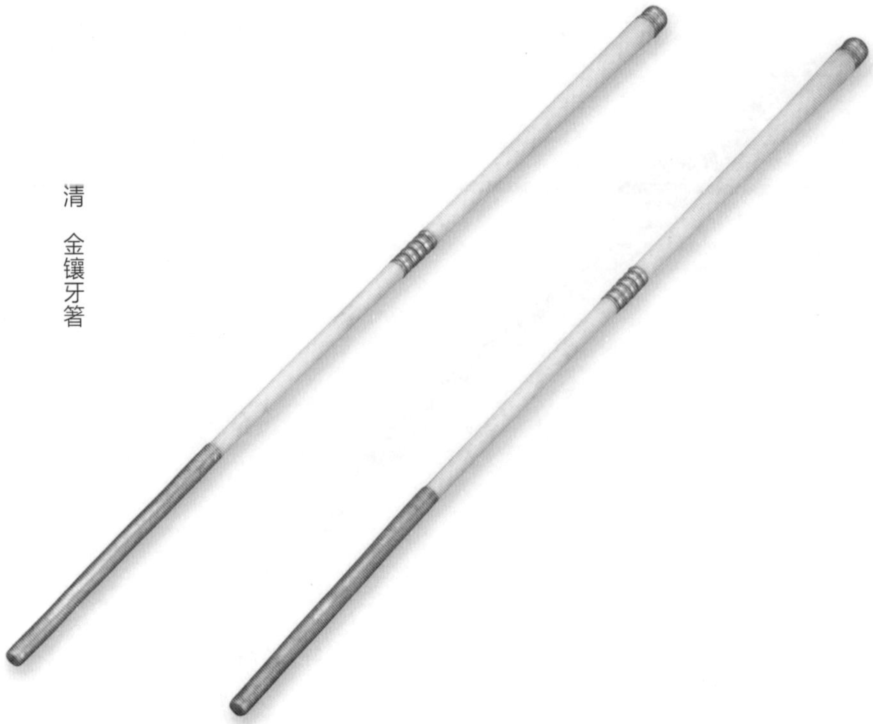

清　金镶牙箸

清　金镶青玉嵌乌木筷

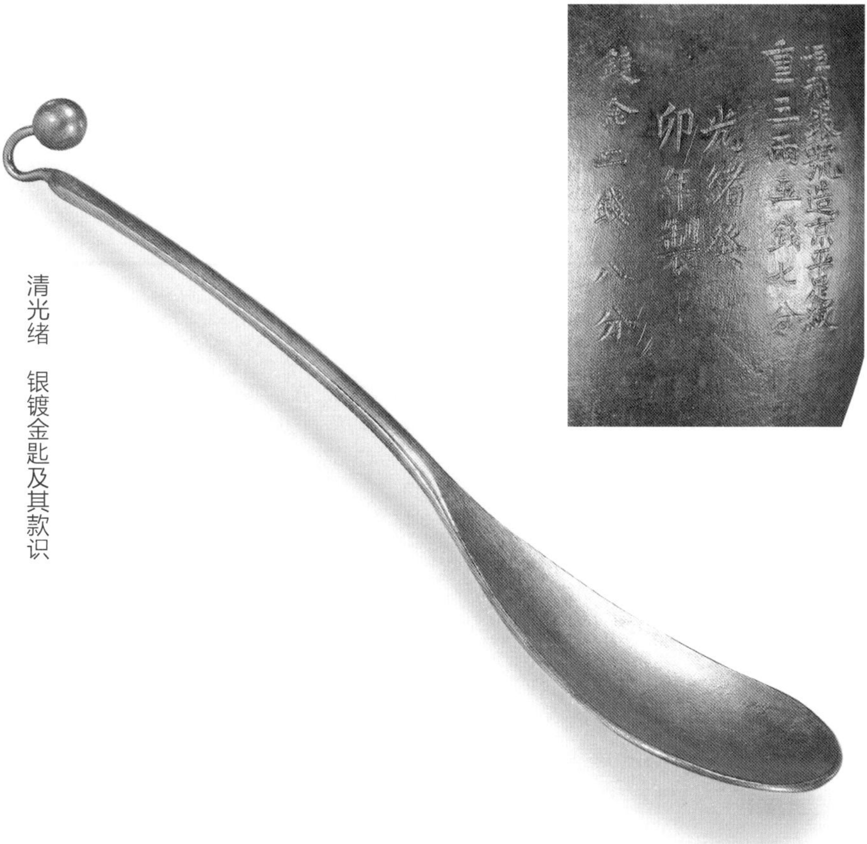

清光绪 银镀金匙及其款识

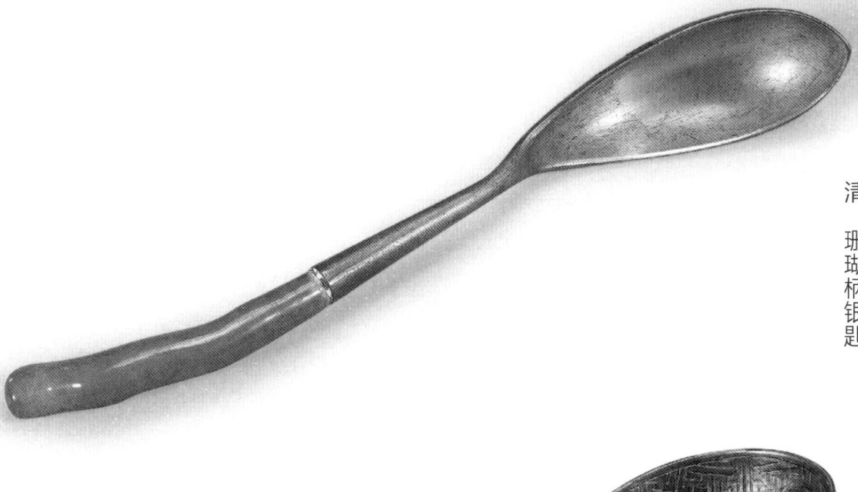

清 珊瑚柄银匙

清 银镀金刻万寿字柄匙

第三章

皇帝的野餐

提及清朝皇帝的膳食，最常援引的例证是日常膳食份例。然而份例并不能代表清朝皇帝膳食的全貌，在某些时间、场合，皇帝膳食表现出相当的随意性和灵活性，比如巡守和狩猎途中。

清人绘　塞宴四事图轴

康熙皇帝的「美食之旅」

清 郎世宁 弘历哨鹿图轴（局部）

康熙皇帝曾亲征噶尔丹，在西征途中也不忘享用各种美食。

史料记载，在西征途中，康熙皇帝曾自己动手烹制鹿肉。《康熙朝满文朱批奏折全译》中也记载康熙四十五年（一七〇六年）七月，康熙皇帝在口外步猎，猎获一只大公梅花鹿，于是取出鹿肝烧烤吃。看来，鹿肉对康熙皇帝来说的确是一种美味佳肴。

法国耶稣会士张诚在日记中记载康熙皇帝亲手烹制食物

一六九二年九月十六日。皇帝猎获了一只五百多磅的公鹿。两点前后，陛下就吩咐预备晚餐，这是鞑靼人很早吃晚饭的习惯。他亲手处理自己打死的那只鹿的肝。肝和臀部的肉在这里是被看作最精美的部分。他的三个儿子和两个女婿帮着他。皇帝很高兴地把鞑靼人古时收拾鹿肝的方法教给他们。皇帝把鹿肝分割成小片，分给诸子、女婿和身边的一些官员。同时，我也荣幸地从他手里接到一片。每个人都开始仿照皇帝和他的儿子们的样子去烤肉。

近代　银镀金龙凤纹多穆壶及其款识

清 郎世宁 弘历哨鹿图轴

除鹿外，各种鱼鲜对于康熙皇帝来说也是美味。西征途中，康熙皇帝曾多次亲笔给留守京城的皇太子胤礽、皇三子胤祉讲述在各地吃鱼的情形，大快朵颐的画面溢于楮墨。比如在黄河之滨的保德，「朕及众人在此食黄河鲜鱼甚足，确实很好」。康熙皇帝所说的黄河鲜鱼指的是黄河鲤鱼，因为常食用某种类

似于苔藓的水草，所以这种鱼的味道非常鲜美。在罕特穆尔达巴汉，「大概共获鱼九万余条。自朕下至拜牙喇、当差人，每日食鱼矣」。当然，经常食用鲜鱼也使康熙皇帝变得挑剔起来，在其晚年的一次出巡中，因「煎带前来之鱼腥且硬，甚差」，饭上人（与皇帝饮食相关的宫中服务人员）关保受到责罚。

清人绘　弘历威弧获鹿图轴（局部）

清人绘 弘历威弧获鹿图轴

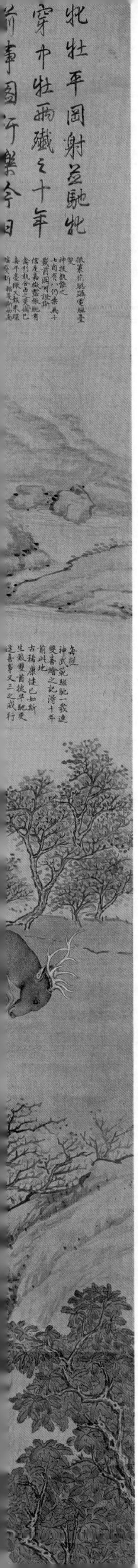

康熙三十五年（一六九六年）十一月，驻跸黄河内蒙古段岸边的康熙皇帝在食用喀尔喀羊肉后，认为或许是因这里水土好的缘故，其羊肉异常鲜美。他不愿独享美食，于是亲自持刀剔骨，把羊肉装匣送回京城，与皇太后分享。在康熙皇帝看来，喀尔喀羊肉的鲜美是其他地方无法相比的，所以日后川陕总督博霁、陕西巡抚鄂海奏进西北的同羊（同州羊）时，康熙皇帝讲道：「在朕处用喀尔喀羊、乌珠穆沁羊，所以同羊大不如，以后不必进。」

清人绘 弘历一发双鹿图轴

阹縛大田獲一舉雙
擒賓以斯
戊申六月御題

康熙皇帝对宁夏水果、面大为称道：「葡萄多而好……梨亦好……面甚好。」康熙皇帝的品评不仅仅停留在味觉的层面，或是观察葡萄的生长情况：「沿大葡萄根皆有小梭子葡萄。前食梭子葡萄，然不知如此生长，实属奇怪。」或是把内务府携带的好面做成饽饽，然后和宁夏面饽饽对比，得出结论：「朕等之面黑且硬。宁夏之面白且软，虽多食而易消化。」

清嘉庆　绿地粉彩勾莲多穆壶及其款识

皇帝的野餐

康熙皇帝西征途中有些食物则仍需要由京城补给，比如鸡蛋、蔬菜、水果。康熙三十五年三月，皇太子胤礽给西征中的康熙皇帝赍送鸡蛋。因经验不足，最初用柳条篓斗盛放鸡蛋。虽然内部铺糠能保证鸡蛋不晃动，但作为外包装的篓斗相对柔软，硬度不够，外部一受力，随即被压扁变形，造成鸡蛋破损。再送时，胤礽在内外包装材料上都做了改进：外包装用夹板斗，内部填充物由糠改换为稻壳。如此用心，就是要保证康熙皇帝能够吃到京城的鸡蛋。与鸡蛋一起赍送的还有江南红萝卜、本地新白萝卜、新王瓜等。

清人绘　弘历逐鹿图轴

皇帝的野餐

清人绘　弘历猎鹿图轴

康熙三十六年二月，由大同前往宁夏的康熙皇帝谕知胤礽：「此处略热，想食果子。以后每报来，将文旦（柚子）、九头柑（虎头柑）、蜜桃、山茨、春桔、石榴等物装筐封固，以二马

驮运来。」胤礽很快备齐了两篓水果，每篓内各装有文旦两个、山荧四个、九头柑八个、石榴四个、春桔四个，唯有蜜桃已用完，大内又没有存贮，只能作罢。

清　洒蓝釉竹节多穆壶

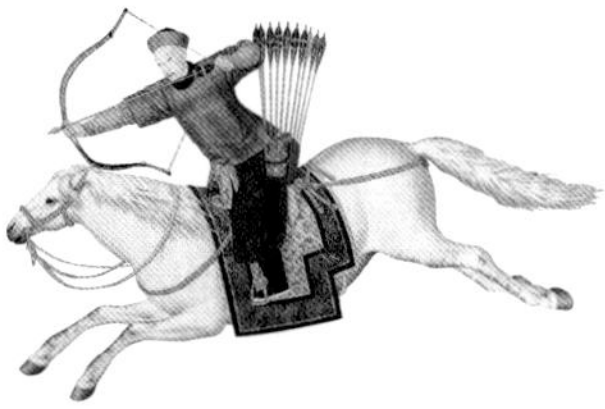

康熙皇帝的饮食习惯

康熙皇帝非常强调饮食对健康的作用，反对随意摄取，主张合理饮食。

一是主张「节饮食」。康熙皇帝说：「……养生之道，尤以饮食为要义，朕自御极以来，凡所供馔肴皆寻常品味。」他强调「适可而止」：「所好之物，不可多食。」《庭训格言》有云：「节饮食，慎起居，实却病之良方也。」

二是主张「慎饮食」，就是对食物的审慎，即对食物质量有要求。

首先强调要排除杂质，尤其是水。他认为「饮食物中，水为最切」。他对各地贡来的水和巡幸在外的用水定有严格的制取方法和标准，并著有《水性记》一文。

其次为多吃粗粮和蔬菜水果。康熙皇帝主张老年人饮食宜淡薄，多吃蔬菜、水果。还有就是禁烟酒，与烟相比，他更恶旨酒（美酒），「清淡作饮馔，偏心恶旨酒」，这是因为他认为酒有「乱人心志」和「致人以疾」的坏处。康熙皇帝在《庭训格言》中说：「朕自幼不喜饮酒，然能饮而不饮，平日膳后或遇年节筵宴之日，止小饮一杯。人有点酒不闻者，是天性不能饮也。如朕之能饮而不饮，是为诚不饮者。大抵嗜酒则习志为其所乱而昏昧，或至疾病，实非有益于人之物。故夏先君以旨酒为深戒也。」

还有一点比较重要，就是进膳后，康熙皇帝会自觉保持良好的心态，只讲开心事，说开心话，或欣赏自己喜爱的古玩字画，他认为这样可以帮助消化。「朕用膳后必说好事，或寓目于所爱珍玩器皿，如是则包含易消，于身大有益也。」

乾隆皇帝的一次野餐

故宫博物院所藏郎世宁画《弘历射猎聚餐图》，绢本设色，款题：「乾隆十四年四月奉宸院卿臣郎世宁恭绘。」该画作描绘了乾隆十四年（一七四九年）乾隆皇帝·行围猎结束后在宿营地享受战利品的场面。

清乾隆 粉彩八宝缠枝莲纹多穆壶

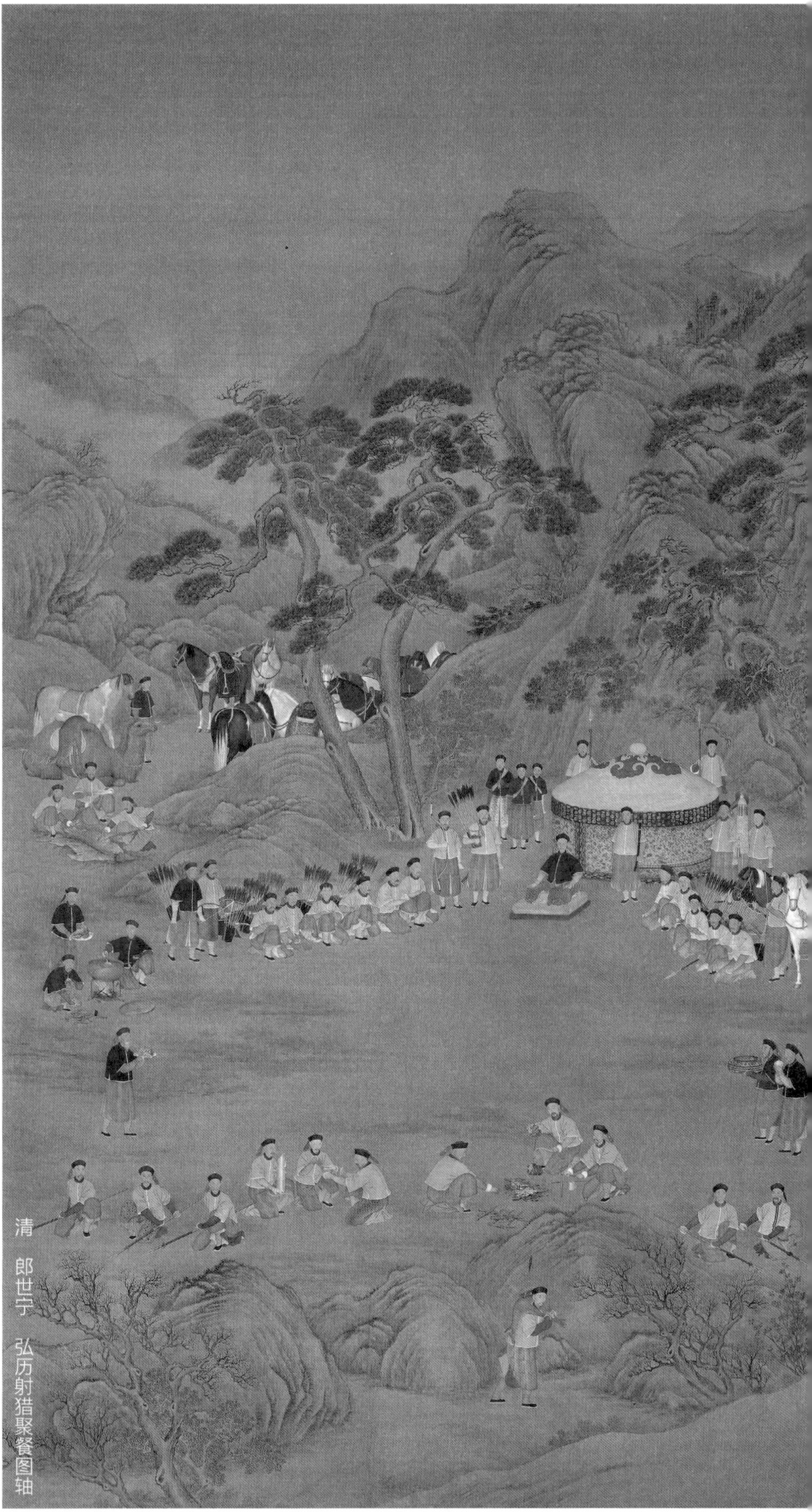

清　郎世宁　弘历射猎聚餐图轴

清乾隆 银烧蓝鞘刀（附银叉一个）

清 镶玉柄银餐刀

画面中侍从们正井然有序地忙碌着：三组人司职处理食材（鹿），有的剥鹿皮、分割鹿肉，有的煮鹿肉，还有的在烤鹿肉；一组人手持多穆壶、茶碗在倒饮品；与这些忙碌的侍从形成对比，画面右侧另有两位侍从手捧红漆圆盒和银碗恭候，只等皇帝一声令下，食物即可呈上。

清 金錾花八宝叉

清 镶料石柄银叉

清 银镀金「吉祥如意」字柄叉及其局部

从中不难看出满族饮食特点：满族自其先辈即喜食野味，如鹿肉、狍子肉、野猪肉、野鸡、河鱼、蛤什蟆（林蛙）等。烹制方法简单方便，多是大块的兽肉蒸、煮、烧烤，而后以刀解食。

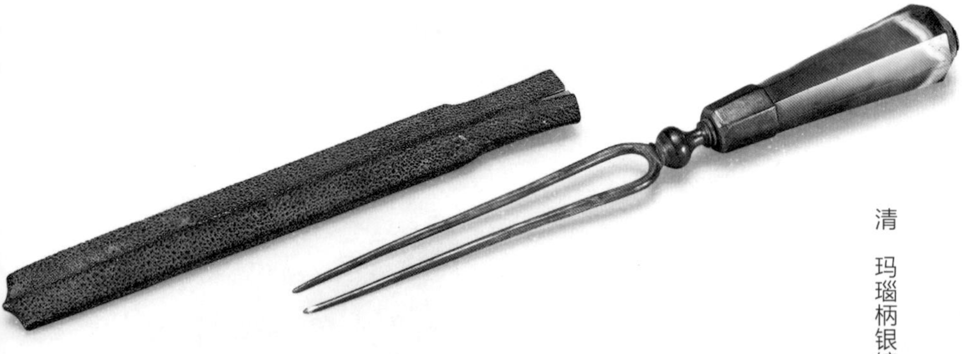

清　玛瑙柄银镀金叉

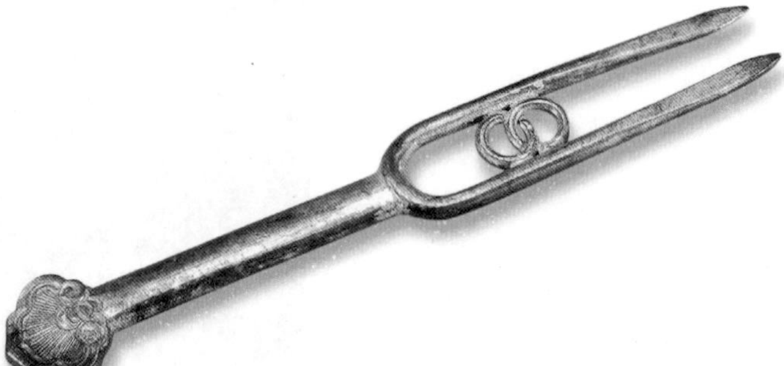

清　银小果叉

清 金双喜福寿纹叉

清 虬角柄银果叉

清 银镀金果叉

清 木柄银叉

第四章

健康的宫廷饮食

宫廷御膳经历了一个由粗至精、由简至繁、由朴至奢的发展过程，内容虽几经变化，但皇帝们对「吃」既追求饮食礼仪，又讲究「始终不渝」的饮食养生，实则是渴望获得健康身体、延年益寿的强烈愿望。

不时不食

按照满族的传统习惯，皇帝每天有早、晚两膳，早膳在早晨六七点钟，晚膳在下午一两点钟（实际是午餐）。在早膳前和晚膳后，各有一次小吃，随传随食。

乾隆皇帝的早点很有规律，一年四季，每天早晨起床后，都要先喝一碗冰糖燕

清 银带盖大火锅

清宫旧藏燕窝

窝粥。到了晚上六点多钟，有一次酒膳（小吃夜宵），是一些点心和羹、汤等。这样睡觉前不存食，对身体养生自然是有好处的。

清　红漆宴桌及宝座

御膳中的主食、副食、佐餐小菜等都以五谷为主，搭配荤素菜肴、瓜果点心、汤粥酒茶等都是平和之品。如御膳主食——饽饽、粥汤等近百个品种中，杂粮做的食品有：糜子面丝糕、黄米面糕、老米面发糕、秫子干膳、老米干膳、江米面窝窝、番薯、豆面卷、芸豆糕、高粱米粥、小米粥、苡仁米粥、大麦粥、甜沫粥、豇豆粥、绿豆粥、黄老米粥等。副食中的豆腐、豆腐干、豆皮、锅渣、野生蘑菇、木耳、金针菜、核桃、

清　银元宝式如意形足火锅

榛子、松仁、蜂蜜、山菜、山韭菜等，更是每膳必备的御膳原料。副食类包括猪、羊、鹿、鸡、鸭、鹅、鱼、蛋，以及新鲜水果、蔬菜等。这些食材多是常见的食物，烹调适宜，不仅色、香、味俱全增进食欲，也易于消化吸收。

清 锡「万福万寿」火锅

清　银温酒器

乾隆五十四年（一七八九年）《膳底档》记载的乾隆皇帝的四季御膳食单

二月二十三日早膳：炒鸡，大炒肉，炖酸菜热锅，鹿筋折（拆）鸭子热锅，羊西尔占，苹果软烩，蒸肥鸡烧狍肉，醋烹豆芽菜，肉丝炒韭菜，象棋眼小馍首，火爆豆腐包子，甑尔糕，梗（粳）米干膳，豆腐八仙汤，银碟小菜，银葵花盒小菜……

五月八日早膳：挂炉鸭子，挂炉肉，野意热锅，山药鸭羹热锅，拌老虎菜，拌凉粉，菜花头酒炖鸭子，小虾米炒菠菜，糖拌藕，江米藕，香草蘑菇炖豆腐，烩银丝，豆尔首小馍首，倭瓜羊肉馅包子，黄焖鸡炖豇豆角，鸭羹，鸡汤馄饨，绿豆水膳……

九月二十一日早膳：燕窝，酒炖鸭子热锅，燕窝葱椒鸭子热锅，燕窝锅烧鸭子咸肉丝攒盘，水笋丝炒肉丝，韭菜炒小虾米，江米肉丁瓤鸭子，螺蛳包子，鸡肉馅饺子，万年青酒炖樱桃肉，四水膳，萝卜汤，鸡肉馅烫面饺。

十二月十三日晚膳：燕窝松子鸡热锅，肥鸡火爆白菜，羊肚丝羊肉丝热锅，口蘑肥鸡热锅，口蘑盐煎肉，糊猪肉，清蒸鸭子鹿尾，竹节卷小馍首，匙子红糕，螺蛳包子，鸡肉馅烫面饺，咸肉，老米干膳，山药野鸡羹，燕窝攒丝脊髓汤……

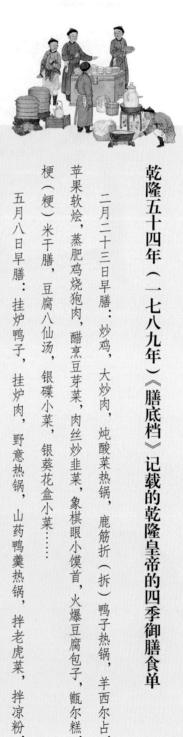

清　画珐琅花卉纹喜字火锅

清　银椭圆锅

清 银镂空花火锅

这些都是什么菜？

拉拉：黄米饭，指什锦稠粥。

额思克森：可能指内蒙古克什克腾旗出产的「马鹿」、麅子、黄羊等野味。

年年糕：即年糕，用黏性大的米或米粉蒸成。

敖尔布哈：奶饼子，满族传统食品。

萨齐玛：汉义为糖缠，满人的一种饽饽，用蜜、白糖、麻油合炸过的短面条烘烤而成。

羊西尔占：满语音译，即肉糜。

甑尔糕：甑子蒸出的大米面蒸糕。

豆尔首小馍首：即豆馅小馒头。

绿豆水膳：即绿豆粥。

螺蛳包子：又名螺丝转儿。

纯克里额森：又作纯克里额芬，满语音译，即玉米面饽饽。

豇豆水膳：即干豇豆与大米煮的粥。

清　银如意形足火锅

羊乌叉：煮熟的羊前腿至后腿的连骨肉。

孙泥额芬：即奶子饽饽。

奶乌他：也称「奶油糕」，满族风味小吃，用乳酪和砂糖制成，冬日冻成，或夏日在冰桶中冻凝。洁白如霜，食如嚼雪，清凉滑润，香甜可口。

清宣统　银如意形足火锅

清　红漆宴桌

清同治　银火锅

觀音門

节令美食

乾隆皇帝的膳食档案记录了饮食要顺应季节而变化。

春季阳发容易外泄，御膳中就有带酸味的酸白菜、苹果、醋烹绿豆菜等菜肴，少食辛辣、油腻的食品。

夏季暑热挟汗，容易心火上升，宜吃凉拌青菜、绿豆粥等清凉苦寒的食品，以

清 锡鸭式锅

清乾隆
银带盖锅及其款识

缓散心火，清热下泄。

秋季渐凉，体内湿热难排，御膳适当地增加了韭菜、萝卜及酒炖菜等带辛辣味的食品，意在助燥，使人体内的湿气排出，调养清肺。

冬季气候干燥低寒，是全年最适宜食补的季节，御膳又以咸味的羊肉、猪肉、鹿肉等性温的菜肴供皇帝进补，以滋阴壮阳。

乾隆皇帝尤其注重节令膳食合理搭配。每年春天榆树发芽的时候，他要御膳房蒸榆钱饽饽、烙榆钱饼；初夏新麦刚灌浆，他又下旨要吃新麦「捻转」，再有瓠子做的「糊塌子」、绿豆面煎饼、黄米糕等，这些登不了大雅之堂的民间粗食，他都会按时应季地吃一些。

清 锡一品锅

清　锡火锅

每到夏季，正值夏蔬收获时节，新鲜的扁豆、萝卜、茄子、鲜蘑、白菜等令皇帝大饱口福。御膳中更是经常以蔬果配菜，如韭菜炒肉、葱椒羊肉、小虾米炒菠菜、拌王（黄）瓜、鲜蘑菇、水烹绿豆菜、口蘑白菜、炒茄子、羊肉炖窝瓜、山药葱椒蹄子、小炒萝卜、火熏白菜头、菠菜炖豆腐、松籽丸子炖白菜、榛子酱、辣椒酱等。主食中也常见酸辣疙瘩汤、萝卜素面、韭菜馅包子、韭菜猪肉烙盒子、羊肉胡萝卜馅包子、猪肉茄子烫面饺等。

清 锡八角形一品锅

清 锡火锅

清 白玉嵌碧玉九格果盒

乾隆四十四年（一七七九年）乾隆皇帝在避暑山庄的晚膳食谱

燕窝莲子扒鸭一品（系双林做），鸭子火熏罗（萝）卜炖白菜一品（系陈保住做），扁豆大炒肉一品，羊西尔占一品，后送鲜蘑菇炒鸡一品。上传拌豆腐一品，拌茄泥一品，蒸肥鸡烧狍肉攒盘一品，象眼小馒首一品，枣糕老米面糕一品，甑尔糕一品，螺蛳包子一品，纯克里额森一品，银葵花盒小菜一品，银碟小菜四品。随送豇豆水膳一品，次送燕窝锅烧鸭丝一品，羊肉丝一品（此二品早膳收的），小羊乌叉一盘，共三盘一桌。呈进。

清　桦木果盒
内盛银攒盘九个。

清　五彩花蝶纹攒盘

皇帝御膳之后食用应季瓜果，也是清代宫廷的特色。如初夏吃桑葚、白杏、枇杷果；仲夏吃西瓜、樱桃、荔枝、水蜜桃；初秋吃葡萄、山奈子；冬季吃桔子、苹果等。

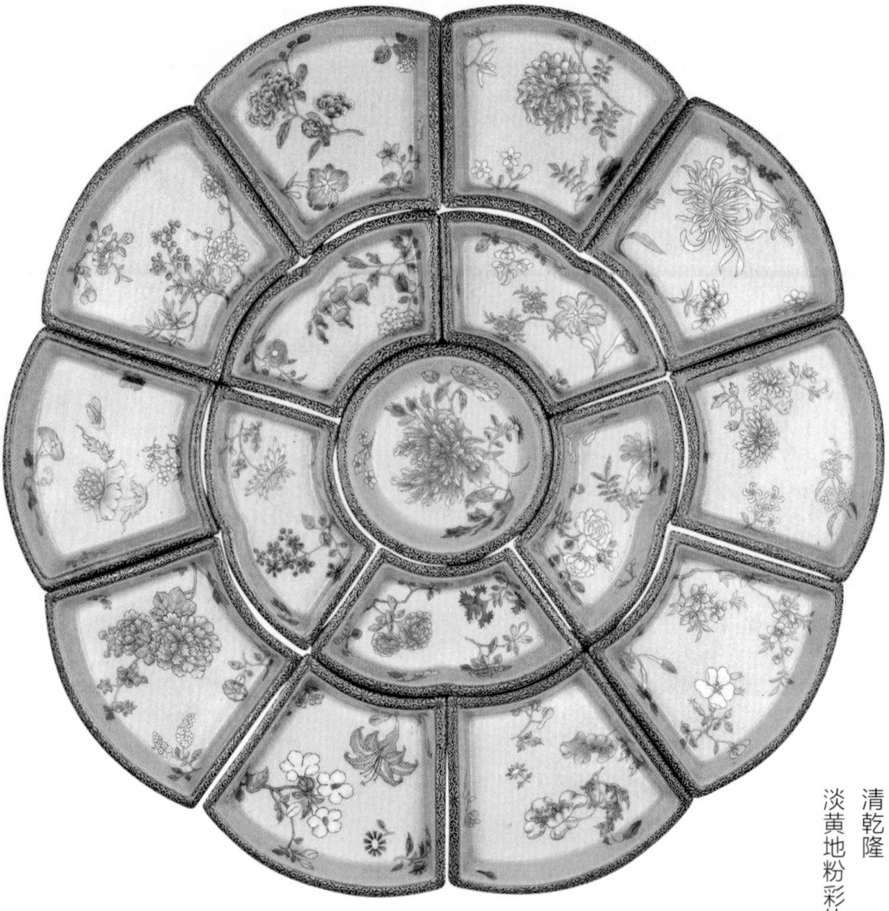

清乾隆
淡黄地粉彩轧道花卉纹攒盘及其款识

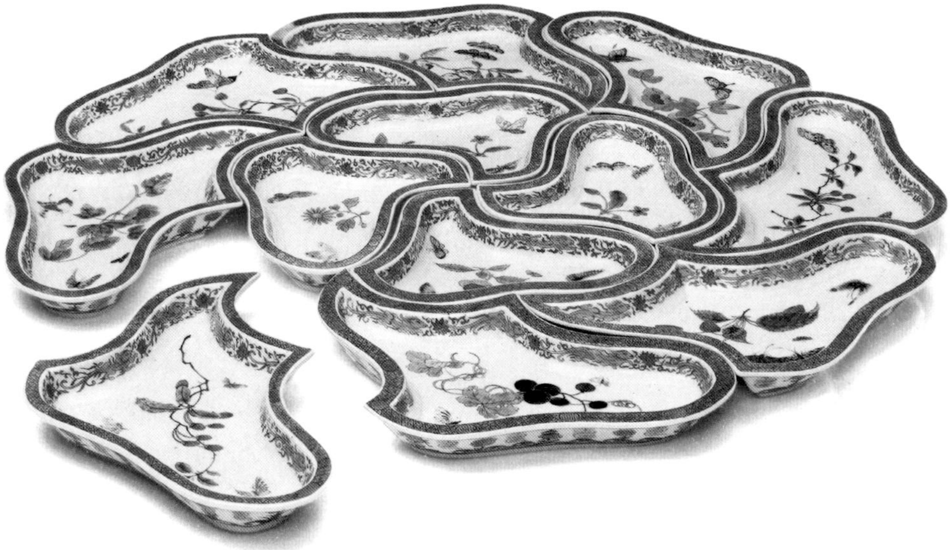

清乾隆
粉彩四季花卉纹扇面形攒盘

素食养生

在清代宫廷御膳档案中，还有许多关于清代皇帝在宫内食素膳的记载。如遇已故先帝忌日，宫内各处膳房「止荤添素」，御膳房早晚两膳供皇帝食用均为素膳。

清　紫檀边座嵌木灵芝大插屏

清　绿釉竹节式盆木灵芝染骨竹子盆景

清　青玉碗玉石灵芝盆景

清　木座海石菌木灵芝盆景

清 白地粉彩百果盘

清 胭脂红色珐琅圆盘染象牙桃实果盘

清 画珐琅缠枝莲纹二层食盒

乾隆三十六年（一七七一年）八月二十三日（雍正皇帝忌日）乾隆皇帝的御膳菜单

奶子饭一品，素杂烩一品，口蘑炖白菜一品，烩软筋一品，口蘑烩罗汉面筋一品，油堞果一品，糜面糕一品，竹节卷小馒首一品，蜂糕一品，孙泥额芬一品，小菜五品。随送攒丝素面一品，果子粥一品，豆瓣汤一品。额食三桌：饽饽六品，炉食四品，共十品一桌。

清　青玉白菜花插

清　青玉白菜花插

清　封锡爵款
竹根雕白菜式笔筒

清乾隆
红地描金粉彩干果高足盘

第五章

美食须美器

清宫御膳中使用的餐具甚为讲究，是民间市肆无法比拟的。皇帝日常进膳会用到各式的盘碗，冬天时增设热锅、暖碗，御用宴上大多用玉盘碗。此外，皇后、妃、嫔等还有搭配其地位使用的盘碗，均为家宴时用，平时吃饭则还要用到其他的盘碗。

皇帝的御膳器皿

乾隆五十七年十一月十三日的底档《锡器册》记载了乾隆晚期御膳所用的各种锡制器皿以及各种炊具。锡制器皿主要是为乾隆皇帝备供奶茶、白糖、清酱、小菜、酒、清水等的盛

具和工具。乾隆六十三年三月二十七日的底档《家伙库》（「家伙」是对清宫御膳中所用的碗、盘、匙、牙箸、桌张、坫案、宼单、油单等的总称）不仅明确了清宫御膳中使用的各种餐具、膳食设备的样式、质地、种类，而且从其累计的数字中，也可猜测出当时筵宴和膳食用度的规模是如何的盛大。

清光绪　银镀金寿字火锅及其款识

据金易《宫女谈往录》中载：「清宫旧制每年从旧历十月十五起每顿饭添锅子（火锅），有什锦锅、涮羊肉，东北的习惯爱吃酸菜、血肠、白肉、白片鸡、切肚混在一起。我们吃这种锅子的时候多。有时也吃山鸡锅子。反正一年里我们有三个月吃锅子。正月十六日撤锅子换砂锅。」火锅在清宫中又称暖锅，从现存实物看，其质地有金、银、银镀金、铜、锡、铁数种。此件火锅由锅、盖、烟筒、闭火盖组成，锅内带炉，可用于烧炭，锅底配制座盘。火锅的闭火盖上雕有镂空纹及蝙蝠纹，锅体周身錾有金银圆「寿」字、长「寿」字等，寓意「福寿万年」之意。火锅底款有「泰兴楼」作坊名字，可知清宫所用火锅的铸造并不是为内务府垄断，其来源包括内务府官造、购买自民间作坊两种途径。

从档案中记载的镀金银铜器看，其质地良好，且数量较少，应是乾隆皇帝亲用。相比之下，白、黄铜器皿数目较多，估计是内廷举办各种筵宴时所用。

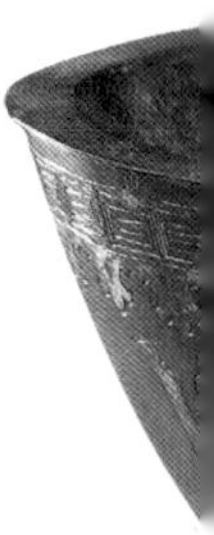

清　银镀金寿字火碗

火碗为宫中暖餐具类，是宫廷中用来温热食品的器具。它还有一种用途，就是作为「简便火锅」。火锅可以分为两种形制，除一种为炉内放置炭加热外，还有一种较简便的，称为组合式火锅。后者由火碗、三角支架和小银酒精碗三部分组成，每部分可以分开。

此件火碗的碗盖及碗身錾刻有寿字，三角支架设计为如意形，都充分体现出清宫器物纹饰上美好的蕴意。「寿」字，是人们用来祈求长寿的一个图符。自古至今由「寿」字演化的图案达三百余种。其中有以单字表意的图案，形长者叫「长寿」，圆者称「圆寿」或「团寿」等，也有多字表意的图案，有「百寿图」、「双百寿图」等，由不同形体的「寿」组成。「寿」字图在清宫中广泛地运用于日常及礼仪生活中，更有将「寿」字图符用于餐食制作中者。清代孔令贻向慈禧太后祝寿的四品大碗菜中分别制有「万」、「寿」、「无」、「疆」四字，饽饽四品中则有「寿字油糕」一品。这件银镀金寿字火碗应是用于皇帝寿宴，其做工精致，为清宫典型的御膳器皿之一。

清　锡方式一品锅

锡制一品锅，内有碗、碟、盖、座等共二十五件。外观呈正方形，其内有五个锡碗，每个锡碗都配有一个錾刻着花卉图案的盖，每个碗下面设有酒精碗，在一品锅四边设有四个插孔，并配有四个支架，将支架插入孔中以安放四个雕刻花卉的小盘，锅身周边刻有各种花卉图案。在锅的底部分别有四个象鼻形锅架支腿，用以支撑锅的整体。盖纽为狮子，形象生动。

清　锡瓜式一品锅

这件一品锅为锡质，锅体与锅盖相合成倭瓜形，顶部覆瓜秧、瓜叶作盖柄。其内屉平放五只镶金边的锡盖碗，锅体外部可插支架放置蘸碟。锅由圆支架支撑，支架下部设四个圆形的酒精碗，用以煮沸锅内之水。

乾隆晚期御膳所用的各种锡制及镀金炊具

锡制器皿包括：锡五星钴子六十六个，锡碗盖三十八个，二号锡罐七口，清酱锡罐四十三个，螺蛳锡盒一百四十三件，锡壶八把，锡盒子五个，锡直钴子九十五个，锡漏子十件，锡背壶二十六把，锡火壶五把。

镀金器皿包括：镀金银碗盖两件，镀金铜方六件，镀金铜大盘九十四件，镀金铜二盘二百九十二件，镀金铜大碗十八件，镀金铜茶碗两件，镀金铜盐碟一件，镀金铜盘盖两件，镀金铜匙子七把，牙箸八双（以上镀金银铜器共计四百二十九件）。白、黄铜器皿有：白铜方五十八件，白铜膳盘一百四十九件，白铜大盘一千一百六十件，白铜二盘两千二百八十件，白铜大碗五百四十九件，白铜二碗二百八十件，黄铜大碗五百件，黄铜大盘一千二百五十件，黄铜二盘三千二百五十件（以上白、黄铜器共计九千六百七十三件）。

清　银龙首奶茶壶

在清宫盛大宴席上，为将熬制的奶茶注入碗中，特备有大奶茶壶。此件奶茶壶即是其中之一。壶通体银质，以锤錾、镌刻等工艺制成。盖顶饰覆莲纹，如意头珠形钮。窄肩，鼓腹，下敛，撇足。下半部錾隐起卷草叶纹。壶柄、壶嘴处以醒目的龙头饰之，吐粗流。此壶器形厚重，风格粗放，錾工挺拔有力，具有少数民族风韵。

清乾隆　和阗白玉错金嵌宝石碗及其款识

清宫中在饮用奶茶时，需配以专用的奶茶碗。此碗选用新疆和阗开采的白玉制作，玉质莹白。器壁薄，口部为圆形，由口及腹斜收。桃形双耳，花瓣式圈足。独具风格的是外壁用一百零八颗精琢的红宝石组成朵朵梅花，枝叶由金片镶嵌而成，使温润莹白的玉碗增添了富贵豪华、繁复华丽之气，令人赏心悦目。腹内壁有阴文楷书乾隆皇帝御制诗一首。

「野意家伙」是清宫中对食用火锅菜肴所用器皿的通称。档案中记载的「野意家伙」多指制作「野意火锅」这类菜肴时所用的火锅、盘、碟、果盒、火碗、攒盒、方盘、镟子等。制作野意菜肴的主要盛器是火锅，嘉庆四年正月的《野意家伙》档案中记载的是银火锅，其中随盘重五十二两的银火锅有两个，净重四十二两五钱的银火锅有一个，还有随座重十三两的银火锅两件，从重量来看应是一种小而精致的火锅。另外，还有宜兴进贡来的五彩盖锅一对。

档案中记载的随火锅配套器具

黄瓷六寸盘十七件，黄瓷五寸碟十件，洋瓷梅花果盒一对，银螺蛳碟一件，银小碟四件（共重十八两），碧玉螺蛳碟两件，宣窑白瓷鸡心碗两件，木攒盒一件，红瓷攒盒一对，银镟子六件，锡暖碗六件，瓷八仙碗大小五件，红油捧盒一对。

清　金錾云龙葫芦式执壶

此件执壶为七成金质，成色较好。整体呈葫芦形，圆形口足。壶身通体錾刻云纹，云海中錾二龙戏珠纹。执壶有盖，盖及壶身分别镶嵌珍珠及红宝石、绿松石、珊瑚石、青金石等各色宝石。近足处錾刻海水江崖纹。兽吞式流，流与壶之间有横梁相接。柄为龙形，柄与壶盖之间有金链相连。

此执壶的制作采用了錾刻和镶嵌两种工艺，錾刻的图案轮廓线凸起，而镶嵌的珍珠及各色宝石使其显得更加豪华富丽。此执壶有一对，应为皇帝、皇后举行盛宴时的御用酒具。

清雍正　银提梁壶及其局部、款识

此壶呈扁圆形，鼓腹，平底，圆形盖，短流。口上有弓身螭形小提梁，盖与口间有按钮相连，压按钮则盖可开启。壶通体光素，洁净光亮，壶底正中竖刻篆书「大清雍正年制」六字款，款左侧竖刻篆体「矿银成造」四字铭文。

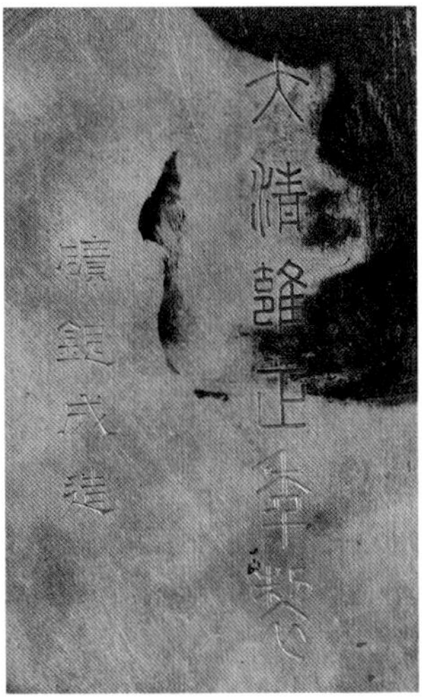

光绪朝的清宫御膳在所用餐具上较之前朝有所发展。这是因为随着外国势力进入中国，西方先进的生产技术也在中国传播开来，这一时期是慈禧太后执政。慈禧太后在饮宴上豪侈无度，对所用餐具也非常讲究，每年宫中都要增添大批精

道光二十三年七月《寿皇殿笾豆供上所用等样器皿底档》中记载的御用餐具

金镶裹花梨木碗二十二件（随碗座，金裹无成色分量），金镶裹花梨木碗六件（随碗座，三等金），六件金裹里共重五十一两七钱五分；金镶裹花梨木碗两件（随碗座，头等金），两件金裹里共重十八两二钱二分；金镶裹花梨木碗四件（随碗座，九成金），四件金裹共重三十九两六钱；白瓷盘三百四十六件。共等样器皿三百八十件。

清　银烧蓝暖酒壶

壶银质，由内壶和外套两部分组成。外套为六棱柱形，六角下各有一足。套身六面分别錾刻梅、兰、竹、菊、荷花等纹样，并施烧蓝珐琅彩。内壶为圆柱形，有流、盖及双提梁，为盛酒器。内壶与外套之间有较大空间，用于盛装热水。温壶使用时，将热水注入外套内，再置入装好酒液的内壶。使用此法烫酒比用炭火直接加热更卫生清洁，且外套中的热水可随时更换，以持续保温。

致而贵重的餐具，这就使得光绪朝的御膳房餐具，尤其是金、银、玉质餐具，较之前朝更为丰富且质、量兼优。

御用餐具的来源

故宫博物院现藏有大量的清代饮食器皿，其中有清宫造办处制造的，有民间银楼制造的，还有外省当地制造进贡的。

清　花梨木蟠螭纹镂空提梁食挑盒

花梨木质地，由内屉、外罩构成。五层内屉呈多边委角圆形，分别盛放银壶、盘、碗、箸等餐具。附屉盖，盖中心雕刻蟠螭纹。外罩呈八方委角形。附提梁，其中心处饰铜镀金龙首提环，紧邻罩盖顶部设一木销子，以束紧食挑盒。此件食挑盒在表现形式上为内圆外方相呼应，盒罩通体雕刻着「万字不到头」纹饰，巧妙地寓意「天地和谐、万福万寿」。

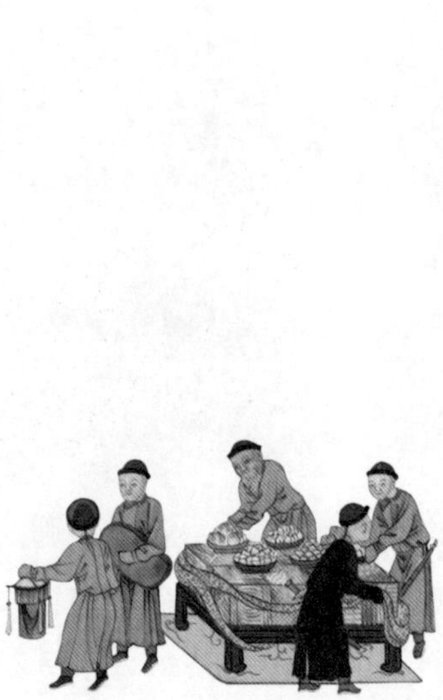

清 紫檀食盒

食盒为提携式，内分三层屉格，可分层放置不同的食物。食盒盖面及每层四角包铜镀金饰件。提梁之间紧邻盖顶部横贯一铜棍，可以锁闭食盒使之不能开启，在运输过程中起到固定作用。食盒器身无纹饰，显示紫檀原木本色魅力，只有位于提梁两侧的紫檀花牙装饰，使整个器物显得古朴典雅。此食盒构造简洁，做工精到，为清晚期宫廷生活器皿之精品。

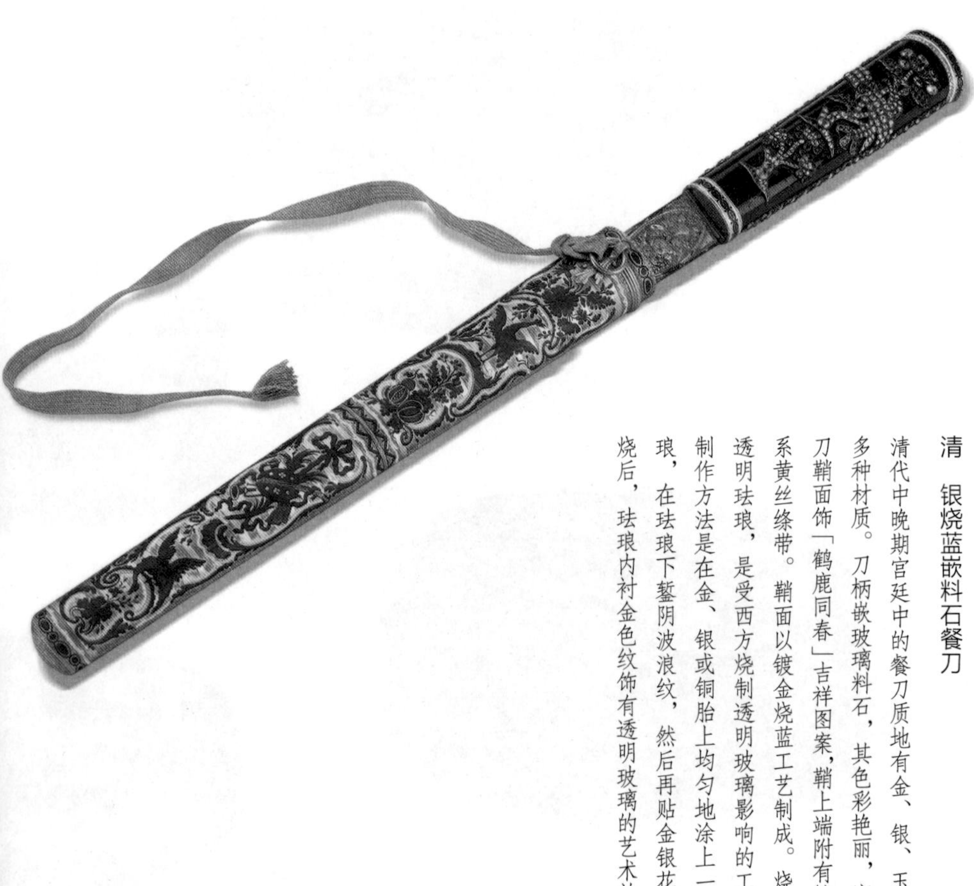

清 银烧蓝嵌料石餐刀

清代中晚期宫廷中的餐刀质地有金、银、玉、象牙等多种材质。刀柄嵌玻璃料石，其色彩艳丽，富丽堂皇。刀鞘面饰「鹤鹿同春」吉祥图案，鞘上端附有镀金铜环，系黄丝绦带。鞘面以镀金烧蓝工艺制成。烧蓝，又名透明珐琅，是受西方烧制透明玻璃影响的工艺品。其制作方法是在金、银或铜胎上均匀地涂上一层透明珐琅，在珐琅下錾阴波浪纹，然后再贴金银花片，经火烧后，珐琅内衬金色纹饰有透明玻璃的艺术效果。

清　银牌及其局部

此银牌为皇帝进膳时试毒之器具。皇帝的膳食由御膳房备办，膳食送到后，皇上并不立即用膳，而是先命太监在每一道菜上放一小银牌，以检验是否有毒，谓之「银牌验膳」。银如遇有毒物质就会变黑（中国古代的有毒物质多为砷化物，可以使银氧化变黑）。验毕，再命太监把每样菜点都尝一点，谓之「尝膳」。确认无毒后，皇帝才开始用膳。

清　银镀金小碟

小碟呈圆形，浅膛，圈足，通体光素无纹饰，是宫廷御膳时放置调料的餐具。清代帝后用膳时，常用小盘做布碟，以盛放果品。如《乾隆元年至三年照常膳底档》中记载乾隆皇帝于八月二十六日的早膳时写道：「早膳用大银盘摆南小菜一品，熏肉一品，米面小点心一品（俱银碟），巳时伺候。」

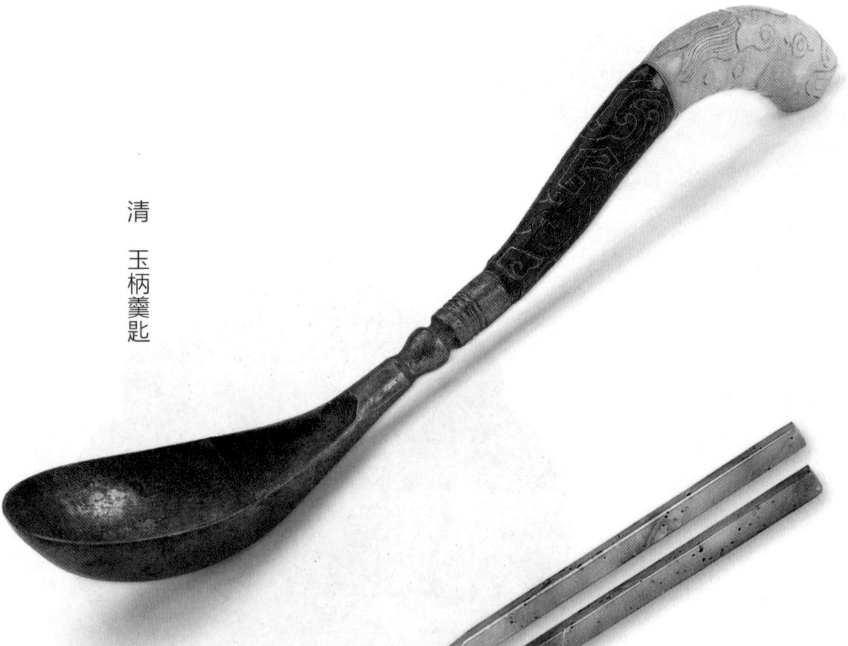

清　玉柄羹匙

清　碧玉筷

清 银掐丝奶茶碗

清　铜镀金嵌料石葵花果盒

此盒为葵花式造型，通体錾刻缠枝莲纹，盒面、盒身及底边镶嵌红、蓝玻璃料石。果盒造型美观，錾刻花卉生动，红蓝料石与金光熠熠的盒体交相辉映。

清　翠柄雕勾莲银镀金二齿叉

圆柱形翠玉柄，上刻卷草纹，两端刻回纹。银镀金叉上部装饰双面蝙蝠，「蝠」与「福」谐音，是清宫中常用的吉祥图案之一。

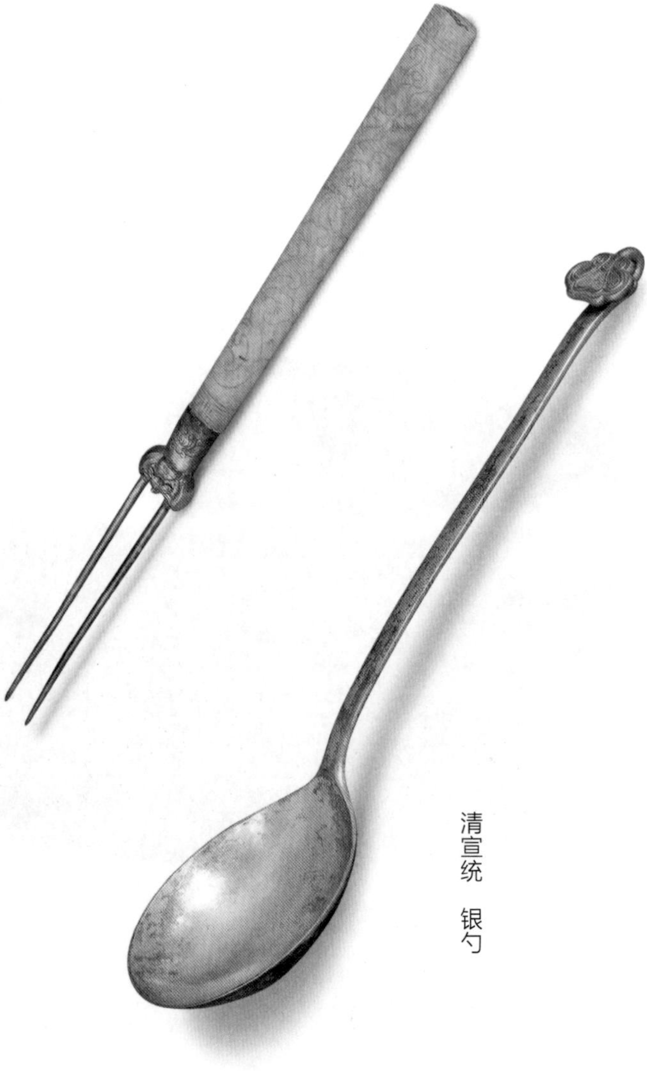

清宣统　银勺

清　银云龙纹暖酒壶

清　银咖啡具

银质咖啡具共三件，工艺精湛，造型别致。器物的把、盖纽、流、三足均设计成竹节的造型工艺，器身纹饰采用浅浮雕工艺，三件器物的纹饰有相同也有相异，相同的有龙戏珠、花卉、竹叶的纹饰，不相同的则为咖啡罐上多了一个在亭子旁边二人下棋的生活场景，增加了一些生活情趣。

这套银质咖啡具虽是西方生活方式的体现，但造型和纹饰却属于典型的中国传统装饰题材。

近代
白铜刻花塑料柄餐具

近代　银镶框玻璃洗

此玻璃洗内放置银质咖啡具，是中西结合的产物，它既有西方的简约大方，又融入了中国清代人物形象的特征，每件勺柄的顶端均铸有清代官员的造型。其用料考究，做工精巧，华丽而高雅，体现出在逊清皇室时代，溥仪在故宫内廷仍在享受和品味着现代西方生活方式。

本书内容节自《紫禁城》二〇一五年二月号周丹明、沙佩智《苏州菜与宫廷御膳》、任万平《除夕元旦清廷的国宴与家宴》、关雪玲《野蔬风味亦堪嘉》、苑洪琪《清代御膳的养生之道》、王慧《美食须美器》。